U0102568

-ten simple ways
to change your life

DO ONE THING
DIFFERENT

微行动

用1%的小动作
解决99%的
人生难题

［英］
比尔·奥汉隆 著
Bill O'Hanlon

李利莎 译

广东旅游出版社
GUANGDONG TRAVEL & TOURISM PRESS

中国·广州

谨以此书献给海伦·亨德里克森（Helen Hendrickson）和曼戈（Mango），是你们教会了我用不同寻常的方式建立家庭和表达关爱。

目 录

第
一
部
分

改变问题的"常态"

全天下最愚蠢的事，就是每天不断重复做相同的事，
却期待有一天出现不同的结果！

第
二
部
分

改变看待问题的方式

最危险的事莫过于你有且仅有一个想法

第三部分　将解决导向式疗法应用到具体的生活领域中

二十周年纪念版引言

天哪，这本书已经出版二十年了！

我至今已经写了三十六本书了，这本书是其中最受欢迎的一本。现如今出版的大多数读物，在市场上发行一两年后就不再出版，而这本书在市场上已经销售了二十年。

奥普拉（美国著名脱口秀女主持人）听闻这本书后，邀请我在她主持的节目中就本书及其创作理念畅聊了一小时，这也许是推动这本书长销不衰的一个重要原因。

这本书起源于我当时在心理治疗时所采用的一个激进理念：了解你的行事动因并没有必要。你不必在心理治疗中旷日持久地分析自己的童年来获得快乐或做出改变。你只需留意那些无效的部分——不能为你的生活带来起色的事情，并且用微小或戏剧性的方式改变其模式，就能改变人生。

近来有一位读者告诉我，她已经开始了一场为期一年的试验：她决定每天都要做点儿不同于以往的事。在开启了这一生活试验后，她发现自己比以前更快乐了，并且还有了些不错的新发现。

另一位读者的来信则更激动人心。她发给我的邮件主题是："您的书救了我的命。"

她在邮件中写道，她在《奥普拉秀》(*The Oprah Winfrey Show*) 中了解到我和这本书，书中提到的方法对她深有触动，她认为非常有道理。

她问我在她所在的城市附近是否有其他人也在使用书中的方法创造改变。她当时正在挣扎着对抗成瘾问题，虽已尝试过多种传统治疗方法，但都不见效果。

她还提到由于成瘾问题，她已经透支了自己的信用卡，花光了积蓄，财务上也面临着问题。

刚好我知道在她居住的区域，有三个人可能能帮助她，我把他们的名字和联系信息发给了她，同时也提醒这三个人她可能会联系他们，并提到希望他们能在治疗费用上通融一下。

我在回复了她的简短感谢邮件差不多一年后才收到她的回信。

在回信中，她提到了更多有关自己的故事。她在青少年时期就逃离了让她饱受虐待的家庭，之后便流落街头。生活非常艰辛，她做了一切能在街头生存下来的事情，通常是些违法、冒险又毫无颜面的事情，而在那段时间她染上了毒瘾。

有一天，她听到一名街头传教士在讲上帝，在那段生活的低谷期，这段上帝的故事让她深受感化，于是她皈依基督教，重获了新生。

她成了那名街头传教士的支持者和跟随者，在他的帮助下，她结束了流浪生涯。之后很快他开设了一个教堂，她便在教堂里担任秘书／办公室经理。

之后的几年，她的生活都比较顺利，她常被叫到讲坛上讲述上帝给她的生活带来的深刻转变。

后来，她出现一些持续性的背部疼痛问题，因此不得不寻求手术治疗，以彻底解决背部毛病带来的慢性疼痛。她告诉医护人员，她曾经是个瘾君子，不能服用任何能让人上瘾的药。

当时有种新引进的止疼药叫作"奥施康定"（Oxy-Contin），医护人员告知了她这种止疼药，并向她保证这种药不会让人上瘾。

当然，现今大多数人都知道对奥施康定的这种最初认识是错误的——这是一种极容易让人上瘾的药。

她对这种止疼药上了瘾。在她用合法处方购买的药用完后，她开始在大街上非法购买，这也是她花光积蓄还陷入债务的原因。（为了买药）她刷爆了自己的信用卡，还给她的房子办理了第二次抵押贷款。

她说，她尝试了传统治疗方法和"十二步项目"①，但这

——————

① 十二步项目（twelve-step program）：通过一套规定"指导原则"的行为课程，来挽回（治疗）上瘾、强迫症和其他行为习惯问题。——译者注

些方法要么没用，要么不适用于她。

我给她推荐的心理治疗师，她都和他们电话联系了，即便他们都同意在费用上给她些优惠，她还是意识到即使费用已经打了折，她还是没钱支付。但她有种感觉，能从我的方法里获得帮助。

她觉得羞愧，担心她工作的教堂里的人会认为她不值得信任（她在教堂里要处理现金业务），认为她对基督教的信仰不够坚定。她不敢向教堂里的任何人透露情况，掩盖成瘾成了更大的压力来源，因为这让她感到孤独和不被支持。

最终她决定要一遍遍阅读我的书，并尝试应用书中的原理，看能否解决她的成瘾问题。

她的计划是这样的：每天她都要把服用的一片药片刮掉一点——刮掉的量非常少，以确保她的身体不至于感受到化学效应上的变化。

第二天，她把要服用的药片再刮去一小点。就这样，每天服用的药片都比之前服用的多刮去了一小点。刮去的这一点量只比前一天多一小点，不至于让她掉进戒断和渴望的循环。书中的建议是只做可能产生不同结果的最小改变，她忠实地遵从着这一建议。

这种非正统的微量减量方式她足足坚持了八个月，最终完全戒掉了奥施康定。她给我写邮件时已经戒掉奥施康定四个月了。

我既感动又震惊地读完了她的邮件。

一个素未谋面的人给你发送了一封邮件，告诉你你写的一本书救了她的命，你能想象收到这样一封邮件时的心情吗？

那一刻使我花在编写、编辑、修改以及宣传这本书上的每一分每一秒都完全值得了。这封邮件不仅让我在收到当天感到很振奋，也让我感到，我做了一件让自己的生活有价值的事情。帮助他人和缓解痛苦是我选择从事心理治疗工作的原因，而以这种具有深刻意义的方式帮助一个素未谋面的人，对我来说更是一份意外收获。

我不会想象这本书会给许多读者的生活带来戏剧性的改变，但让任何可能用得上的读者还能有各种渠道获得这本书，这已足以让我感到欣慰。

这本书的现用书名是直到最后一刻才敲定的。最初的书名为《解决导向式的生活》，但除了我以外，没人喜欢这个书名，因此，在整个写作过程中，我们都在不断地寻找一个更好的新书名。

我已经记不全我们考虑又舍弃过的每一个书名了，但我清楚地记得其中的一个。我建议把这本书叫作《非洲紫罗兰皇后》。（本书在起始章节里讲述了非洲紫罗兰皇后的故事，你读了这个故事就会明白我选择这个书名的原因。）这本书出版后，威廉·莫罗（William Morrow）出版社的编辑托妮·斯艾拉·波因特（Toni Sciarra Poynter）对我说："你是不是很庆幸我们没把这本书叫作《非洲紫罗兰皇后》？博得书店（BORDERS）和巴诺书店（BARNES & NOBLE）的一些店员，肯定会把命名为《非洲紫罗兰皇后》的书放在园艺区的书架上，那就没人找得到这本书了。"

是的，托妮。我确实没想到这一点，你确实很有先见之明。

这本书吸引了《奥普拉秀》，我也受邀参加了节目。当我询问哈普（Harpo）娱乐集团（奥普拉的制作公司）的制作人这本书是如何被《奥普拉秀》看上时，她告诉我说，有一天奥普拉下定决心要让她的每一期节目中都有一件她的观众能做到并能给他们的生活带来改变的事情。我的这本书意外地或命中注定地恰好在那一天抵达了哈普娱乐集团，这位制作人把这本书带到了制作会上，而奥普拉恰好在会上提出了她的这一想法。据说当这位制作人举起这本书时，奥普拉当场就说："我正是此意。让我们围绕这本书及其理念做一期节目吧！"这真是天意啊！

在这本书出版后的一个月里，我上了四十多次访谈节目做推广。做完这些访谈后，我却希望我能重返写作时期，把它再写一遍，因为我对它的理念已经比此前写作时更加透彻与清晰了。

因此，从这四十余次访谈（以及在过去二十年里我参与过的更多访谈）中，我在此列出这本书最简短的概要：

- 做重大改变总是深具挑战性的，因此一旦你发现生活中存在某种问题时，实施你能坚持下去的最小的改变；
- 改变做事的固有模式（行动、互动以及如何谈及自己所处的情况）；
- 或者改变对事物的看待方式（你的关注点，以及你如何理解自身所处的情况）；
- 或者改变问题出现的背景/场景（地点、时间等）；
- 有时候小小的改变就能马上起作用。而其他时候你得不断地用各种小改变做实验，直到找出能给你带来转变的那个小改变。

多年来，不止一个人告诉我他们还没开始读这本书就知道它将大有裨益，（因为）他们一看书名就恍然大悟了。

不过，当然细节决定成败，即便概要非常简洁，但要做出这些改变绝非易事，这本书也给出了实施这一简单理念的多种方法。

我在此感谢您选择这本书。感谢这本书最初的编辑托妮·斯艾拉·波因特，是她把这本书编辑得流畅易读，并且她也是这本书得以出版的功臣；感谢我的代理人洛蕾塔·巴雷特（Lorretta Barrett）[以及后来接替她的尼克·穆伦道尔（Nick Mullundore），发行这本二十周年纪念版也是尼克的建议]；感谢威廉·莫罗出版社的尼克·安夫利特

（Nick Amphlett）以及他的同事让这本书持续发行，使它有机会抵达目标读者手中。

比尔·奥汉隆（Bill O'Hanlon）

第一章

分析瘫痪

从找不利因素到找可能性

苏格拉底曾说过，未经审视的人生不值得过。但（过分）审视的人生会让你感觉生不如死。如果二选一，我宁愿活着。

——索尔·贝娄（Saul Bellow）

有一则老故事，讲的是一名警察遇到一个自言自语、在路灯下爬来爬去的醉汉。警察问醉汉在做什么，醉汉含糊不清地回答："我把我家钥匙弄丢了。"于是这名警察也开始帮他四处找。但找了一刻钟后仍一无所获，这名警察建议道："让我们一步步回想一下。你记不记得在哪里最后一次拿过钥匙？""噢，那太简单了，"醉汉答道，"我把钥匙掉在街对面了。""什么！"警察大吃一惊，"那你为什么在街这面找？""这里更光亮啊！"醉汉说。

同理，当我们遇到问题，我们通常利用心理学和精神病学的"光亮"去找钥匙来解决问题。可遗憾的是心理学和精神病学并不总能提供帮助，反而让我们像那个醉汉一样在错误的地方瞎摸索。因为心理学和精神病学给出的解释让我们理解了遇到问题的原因，却不会给出任何具体方法来实际解决问题，因此让我们有种得到帮助的错觉。这些解释机制会导致一种"受害者文化"，即人们会将焦点集中在童年或现有人际关系中所受到的伤害上，这造成了一个趋势：人们会责怪他人，从自身之外寻找解决方法——去找专家、自助书籍、自助团体等。

这些解释就如同"末名安慰奖"。当你遇到一个问题时，你就想要一个解决方案。我们的社会中充斥着各种心理学解释，向人们说明了问题形成的原因或人们解决不了问题的原因，从而把人们的关注点从解决问题这一重点上绕开了。

"吉米很自卑，这是他生气的原因。"

"我太害羞了，所以我永远找不到另一半。"

"我曾遭受过性虐待，因此我的性生活很糟糕。"

"她有阅读障碍，因此她无法很好地阅读或书写。"

我最喜欢用电影《安妮·霍尔》（Annie Hall）作为例子来说明这种过度分析造成的"瘫痪症"问题。伍迪·艾伦（Woody Allen）饰演了剧中神经质（毫无悬念的角色设置）的艾维·辛格（Alvey Singer），在与安妮相识相恋后，艾维很快告诉了他的女朋友安妮，他已经看了十三年的心理医生了，但还是过得一团糟。当安妮·霍尔对艾维这么多年一直接受心理治疗却没有任何好转表示惊叹时，艾维告诉安妮他知道（他的这种情况），并且打算要治满十五年，如果十五年后还没有好转的迹象，他就打算去法国卢尔德（寻找奇迹）。

精神病学同样也注重解释，但它的解释是从生物学或遗传学角度出发的。精神病学理论，仅理论而已，认为人面对的问题是以生物化学为根基，甚至是由生物化学或遗传学决定的。然而，即便我们出生便带有遗传和生化因素，甚至这两种因素的确会对我们自身产生影响，但并不是有关我们自身的一切都是由这两种因素决定的，实际情况远比这些更为复杂。有生化问题的人可能会并且也确实会出现机能不稳定的情况，而且有时治疗好类似神经紊乱或生化失调的病症后能完全恢复。但是，将心理学和精神病学作为解决问题的策略会带来如下问题：

- 心理学和精神病学给出解释而不是解决方案。
- 心理学和精神病学引导你去理解无法改变的情况——你的过去或你的人格特征。
- 心理学和精神病学鼓励你把自己看作童年受害者、生物学或遗传学受害者、家庭受害者或社会压迫受害者。
- 在你接触一个心理咨询项目或一本心理书籍后，心理学和精神病学有时会制造出你之前不知道的新问题。

有些有读写困难的人长大后成了成功的作家，有些害羞的人成了演员或演说家，有些遭受过虐待的人也拥有良好的性生活。他们并没有让心理学或自身存在的问题操纵他们的生活。他们采取了解决导向式的生活方式，将重点放在了用实际行动改善自身情况上。

我开始接触解决导向式方法是由于一段非常特殊的个人经历。1971 年，我决定自杀。这样一句话写在一本励志书籍的起始部分显得十分格格不入，但我生活随后的一切皆源于此。当时极度的低落和孤独吞噬着我，我看不到将来的可能性，只觉得将来不过是对过去的苦难的延续。我认为我自己是一个"诗人"，并且完全不想为了生计而工作。由于所见世道及所识之人的伪善面貌，我对一切都充满了幻灭感。我感觉我的所有神经都毫无遮蔽地暴露在外，我似乎体无完肤，无法保护自己免受世俗苦痛或在与他人的接触中受到伤害。除了我的密友外，我不敢在其他任何人面前展示我的诗，因此我也没法以诗谋生。经过一段漫长苦闷的生活后，我最终决定自杀。

我当时是个嬉皮士，只想和几个朋友道声别，当然这几个朋友也和我一样古怪消沉，他们理解并接受了我的决定，并说要与我在轮回的另一个世界里再见，感叹我在这一世的诸多不顺。

然而，其中一个朋友听说我的自杀计划后非常不安。我告诉她我的问题在于无法与人相处，无法安身立命。她对我说她有几位未婚的姨妈会在去世后把内布拉斯加州的某个农场留给她，说只要我答应不自杀，我的余生都能生活在这个农场里，并且她还不会收我租金。现在我找到生活的可能性了，于是我问道："你的姨妈们都多大年纪了啊？"当我得知她们都六十多岁了时，我立马同意不自杀了。（那时我还年轻，认为任何人只要到了六十岁就会很快离世，我压根儿不知道这些内布拉斯加州的姨妈们通常能活到一百岁！）

虽然我有了一个为之而活的将来，但我也遇到了难题，即我得在找出生活下去的方式的同时，找出减少阴郁苦闷的方式。

我开始搜寻能让我身心愉悦、让我的生活更充实的办法，于是我开始阅读心理学和自助方面的书籍。但令人沮丧的是，这些书籍我读得越多，反而越忧郁灰心。我逐渐意识到我的问题有多严重，我这是得了临床抑郁症，很大可能我有生化问题引发的脑功能障碍，我可能需要药物治疗。由于我在童年时期遭受过性虐待，这些书籍指出至少得连续接受几年的心理治疗。我得花费大量的时间、金钱和精力揭开被我强制尘封的与受虐相关的记忆和情绪。但我并不确定我想要服用药物或经年累月地进行痛苦的心理治疗，而我很确定的是我付不起药物治疗或心理治疗的费用，我因此而变得愈加消沉也很理所当然了！

尽管我已经获得了心理学、婚姻和家庭咨询治疗的学位，但这些治疗方法并没有真正地向我展示如何帮助人们（或我自己）做出改变。很多时候，他们给出的不过是各种有趣的解释，解释问题是如何形成的，以及是什么阻碍了问题改变。我开始从不同的方向搜索，然后我发现，改变的方法比我所学的方法更简单也更隐晦。我最终不再从显眼处（更光亮的地方）入手，而是将我的光亮集中在其他地方，从而找到解决问题的钥匙。我发现其他人也在这些非正统的地方搜寻，我尽我所能地习得了他们用以帮助人们迅速、轻松做出改变的经验。

对我而言，分析我忧郁沉闷的始末缘由显然是解决问题不可或缺的一环。如同街灯下的醉汉一样，我在所有错误的地方找钥匙，试图把自己从抑郁症的囚牢中解救出去。

我把那些年的时间花在了学习、研究上，并得到了稳步的恢复。后来证实我朋友的那几位姨妈确实很长寿地又活了好多年，我也从没去找我的朋友兑现诺言，因为她继承农场时，我早已攻克症结，活得幸福又成功。

我现在婚姻美满，做着自己喜欢的工作，事业成功，收入良好。我满世界穿梭，向人们教授解决导向式方法，你手上拿着的这本书是我出版的第十七本书。（我终于能展示我的作品了！）我经受了苦闷不堪的生活境遇，走过了受自杀念头萦绕的抑郁期，最终获得了幸福和成功，这一路上的大多心得体会都浓缩在了这本书中。

其中一个激励我研发解决导向式方法的人是我的一位老师——已故精神科医师米尔顿·艾瑞克森（Milton Erickson）。艾瑞克森成长于美国中西部的一个农场里，是一个非常务实的人，以至于他决定投身心理学和精神病学的研究工作时让人有点难以置信。当我在二十世纪七十年代跟着他学习时，他给我讲了一个故事，阐释了解决导向式方法的基本概念。

艾瑞克森的一位同僚有一个最喜爱的姑妈居住在密尔沃基，她患有严重的抑郁症。当时艾瑞克森正在当地讲学，这位同僚就请艾瑞克森去看看他的姑妈，看看能否帮帮她。这位同僚的姑妈继承了一笔财产，独居在家族的宅子里，她一生未婚，到此时大多数近亲都已经去世了。她大约六十多岁，由于健康问题她得依靠轮椅行走，这也严重限制了她的社交活动，她已经开始向她的侄子暗示自杀的想法。

艾瑞克森讲完学后就乘出租车去了同僚的姑妈家。她的侄子已提前告知了姑妈这个消息，所以她就在家等着。她在门口见到了艾瑞克森并带着他参观她的大宅子。她改造了宅院方便轮椅通行，但除此以外，宅内的一切似乎还停留在十九世纪九十年代。家具和室内装饰呈现出昔日辉煌落败后的景象，宅内散发着一股霉味。让艾瑞克森感到震惊的是，宅内所有的窗帘都是拉上的，整个房子都弥漫着一种压抑感。不过同僚的姑妈把最好的留在了最后，她最后才带着艾瑞克森来到了和宅子相连的温室苗圃。这间温室苗圃是她的骄傲和快乐源泉，她是园艺高手，种植花草给她带来了很多快乐时光。她很骄傲地向艾瑞克森展示她的最新项目：从非洲紫罗兰上剪下花枝种出新的紫罗兰。

在随后的谈话中艾瑞克森发现这位妇人非常孤独。以前她是当地教堂里的活跃教友，但自从她的活动被限制在轮椅上后，她就只有周日才去教堂，因为教堂没有轮椅通道，所以她雇了一个杂务工载她去教堂，然后在礼拜开始后将她扶进教堂，这样她就不会干扰步行进入教堂的人们。同样她会在礼拜结束前离开，也是为了不挡住他人的去路。

听完她的故事，艾瑞克森告诉她，她的侄子很担心她的抑郁病情，她也承认她的抑郁确实挺严重的。但艾瑞克森告诉她他认为抑郁不是问题所在，在他看来，问题明显是她是一个不够虔诚的基督教徒。她听后大吃一惊，瞬间情绪就激动起来，他则娓娓道来缘由。

"你手头有大量的金钱、时间和高超的园艺技能，你却把它们白白浪费了。我建议你去弄一份你所在教堂的教友名单，然后看一下最近的教堂公告栏，你会看到里面有各种公告，包括新生儿出生公告、教友患病公告、毕业公告、订婚和结婚公告等，他们生活中所有开心和伤心的事情都有。多剪点非洲紫罗兰花枝，把这些花枝养好，接着把养好的花枝移植到礼品盆里，然后让你雇佣的杂务工载着你去这些有喜事或变故的人家里，给他们一盆花，根据不同的情况，送上你的祝贺、哀悼或安慰。"

听到此处，这位妇人对她在履行基督徒义务上有所懈怠表示赞同，并且同意将更尽责地履行信徒义务。

二十年后，我坐在艾瑞克森的办公室里，他拿出一本剪贴簿给我看，上面有一篇来自《密尔沃基日报》（*Milwaukee Journal*）的报道。那是一篇专题报道，醒目的大标题写着《密尔沃基非洲紫罗兰皇后逝世，数千人为之悲恸》（"African Violet Queen of Milwaukee Dies, Mourned by Thousands"）。文章详述了这位对邻里社区关怀备至、因标志性鲜花闻名的妇人的生平，以及她去世前十年里与社区居民一起做的慈善工作。

我探索出的高效新方法叫作"用解决导向式方法解决问题"，这本书将在之后的篇章中列出这个方法的十把钥匙。这些钥匙将把我在工作中使用的心理疗法转化为简单实用的方法，你可以使用这些方法解决自己的问题，或仅仅是提升生活质量，增进生活中的愉悦感。你可以运用其中一把或多把钥匙。任何一把钥匙都有可能对你有用。不过对于解决导向式方法，我们认为不同的人适用不同的方法，要知道哪种方法更适用于你，唯一办法就是每种方法都试一试。

我还记得我在心理治疗工作中第一次使用解决导向式方法的情形。

我当时刚到一家精神卫生中心工作就遇到另一位心理治

疗师的前访客前来紧急求助。她叫珍宁，她之前的治疗师路易丝去度假了，而我刚好有空，因此就同意在路易丝回来前给她做一两次治疗。因为不想干扰路易丝已采取的疗法，我打算仅问问珍宁相关情况而不进入治疗环节。

珍宁告诉我，大约一年前有一阵子她患了严重的抑郁症，于是她前来寻求心理治疗，当时是路易丝帮助她渡过了难关。她说初次来找路易丝时，她抑郁得非常严重，以至于每天要睡上 18 个小时。她当时靠着一笔奖学金在上大学，但在变得抑郁后，她就没去上课了，因此她所有的课程都不及格，也失去了奖学金这项财务支持，这让她更加抑郁。因此她现在面临着财务和情绪的双重问题。

一天，在绝望中她给我和路易丝所在的当地精神卫生中心打了电话。单单起床和走出家门去见路易丝，就让珍宁的抑郁消退了一些，但由于精神卫生中心的来访者众多，并且路易丝的日程也排得很满，因此路易丝每周只能见珍宁一次。珍宁会坚持到见路易丝的那一天，相约会面的当天对珍宁来说似乎总是要轻松一些。最后，她们两人认为仅仅起床和出门都会对珍宁有帮助。但珍宁没钱，也与朋友们疏远了，所以她没有任何地方可去。因此，她俩达成一致：珍宁应该每天起床并在所住的街区走一圈。一开始，珍宁发现这是个不可能完成的任务，她的精神如此萎靡，得竭尽全力才能从床上爬起来穿好衣服，拖着自己的身体走上一圈。但她还是坚持照做了。她还惊喜地发现走完一圈回到家她的精神振作多了。因此，她开始把散步的次数增加到两次、三次，逐次增加，直到她每天早上都能按时在街区走上五次。

她的情绪逐步得到改善，她也开始与大学里的朋友联络，并开始出门交际。每天散步时，她会买份报纸，开始申请报上的工作，最终找到了一份兼职，之后的那个学期，她也去上了部分课程。一段时间过后，路易丝在对她进行治疗时，珍宁几乎已经没有什么心理症状需要继续谈论的了，所以她俩认为是时候结束治疗了。

于是我问她近来发生了什么事让她又抑郁了？她说她在班里结识了一个男同学，两人相恋了，他搬来与她住在一起。起初，一切都很好。但逐渐地，他变得挑剔和有控制欲。他不喜欢她的朋友们，于是她与朋友们断了来往。近来她长胖了一点，他又吹毛求疵。他也不喜欢她咀嚼食物的方式。于是任何事都能引起他俩争吵。最后，在一次大吵之后，他威胁说要搬走，她回嘴说搬走也无所谓。

刚开始的几周里，她感觉很好，没有人批评她和控制她让她感觉很轻松。但之后她的情绪断崖式地跌入与之前相似的抑郁中去。她说她长时间地躺在床上睡觉，她开始请病假不去上班，还逃了一些课。她说着说着突然停下了。"等等！我知道我该怎么做了。我得起床去户外走上一圈，联系我的老朋友们，坚持上课，坚持上班。天哪，我怎么把这些都忘了？”她舒展眉头，笑了，这与她走进我办公室时愁眉紧锁的样子形成了鲜明对比，“我知道怎么做才不抑郁了！”

“那是肯定的。”我回答道。

珍宁离开后，我不由得为之动容。但我也感到很困惑，我都还没拿出我通常的治疗套路呢。因为知道路易丝要回来，所以我都没有打算解决珍宁的问题，而这也正是此事的关键所在：我没有解决珍宁的问题——是珍宁自己解决了自己的问题！

我就这样意外地发现了解决导向式疗法。珍宁利用快被她自己遗忘的方法解决了自己的问题，而我只是帮助她将注意力集中在了她做得好的方面，以及她过去解决问题所用的方法上。“问题导向式理论”和“解释导向式理论”把关注点放在了一个人本身存在的问题或过去发生的错误上。解决导向式疗法则强调一个人本身具有的优势，过去对这个人起过作用或有帮助的事情，当前这个人能立刻采取的、可以带来改变的行动。

确实不是每个人都能快速又轻松地克服抑郁，但一些重要信息已经浮出水面。心理学理论和精神病学理论称，如此快速的转变绝不可能发生在重度抑郁症患者身上，这种说法显然是错误的。即便终生都在与反反复复的抑郁症做抗争的人也能采取这种方法。如果有一些能供他们使用的工具帮助他们缩短或终止抑郁周期，他们在面对自己的抑郁症时也会少一份绝望和消沉。

不要误会，我并不是说任何人都能在二十分钟内克服重度抑郁。抑郁铺天盖地袭来时，大多数人甚至觉得起个床都是在做绝望的挣扎。珍宁案例中有个要点，即之前在她最抑郁的时候，她还能强撑着起床出门散步。这就是解决导向性疗法的精髓所在：找到人们能做的事情，以及他们之前采用过的解决方法，然后让他们刻意去做这些能在他们身上起作用的事情，从而缓解或解决问题。有些人可能发现在抑郁时读励志书籍很有用，有些卧病在床的人可能发现观看"马克斯兄弟"（Marx Brothers）的喜剧电影能让自己好受一些。这些解决办法都不需要起床出门走，珍宁的解决方法是珍宁自己提出来的，并不是我提出来的，也不出自任何心理学理论。

我早已学过用传统治疗方法帮助人们解决问题：找到在过去导致他们精神受创的事情，并帮助他们修复创伤；或找出他们非理性的思维方式，帮助他们纠正错误的思维；或可能的话找出一个生化缺陷，这样他们就可能需要寻求药物治疗，或他们就更能接受自己现有的境况。

而解决导向式疗法则不同：考虑到人们会遇到各种各样的问题，包括生化问题、人格问题、思维障碍或过去的创伤，解决导向式疗法将重点放在发掘人们正在做的、能起作用的事情上，帮助他们刻意利用这些事情来根除问题。这一疗法鼓励人们停止分析问题的本质或出现的原因，而是要着手找出解决方法，并采取行动解决问题。

解决导向式方法的绝妙之处在于：这一方法使用的是你自己的解决方法，你可以做自己的咨询师，你找到的疗法都是为你自身定制的，因此这些疗法会比专业人员给出的疗法更适合你。你拥有钥匙，只需要知道该把光照向哪里。

第一部分

改变问题的"常态"

全天下最愚蠢的事，就是每天不断重复做相同的事，却期待有一天出现不同的结果！

你将在本书的这一部分里，学到在你不开心或没有取得想要的结果时，可以采取哪些不同于往常的行动助你改善心情或向期待的结果迈进。本节强调采取实际行动做出改变，也展示了如何通过采取两项行动带来改变：

1. 注意你陷入的重复性模式，或者你与别人相处时一再重复的模式，对于这些模式，做出你能做的任何改变。

2. 注意你在事情开始呈现积极的一面时所做的事情，然后多做这些事情。

第二章

当生活只剩下原地踏步、
不断重复时

改变固有模式

当你发现骑着的是一匹死马的时候，最好的办
法是赶紧下马。

——美国达科他部落格言

请做好准备，我们将学习用一种全然不同的方式对待生
活和解决问题。首先，这一方法看起来简单得让人难
以置信，你甚至可能想说：我的问题要复杂顽固多了。但，
请先给这个方法一个机会。只要试用一次，你就会发现解决
导向式方法的巨大威力。近年来，这一方法也席卷了心理疗
法领域。多数治疗师都认为（病情）要取得重大转变就得接
受数年咨询治疗，严重而长期的问题更是如此。解决导向式
方法则向人们展示了其快速带来转变的能力。我本人以及采
用此法的其他治疗师已经教授了其他数千名治疗师用解决导

向式方法来处理问题。一旦治疗师们发现这一方法的效用，他们很少再继续使用以往的老方法。

解决导向式方法聚焦当前和将来，鼓励人们采取行动、改变观念。过去当然很重要，因为它影响了我们，并伴随着我们走到今日，但让你的过去来决定你的将来则是个谬误。解决导向式方法建议你认识过去，然后动手做出改变。

前段时间我读到一封写给全球领航"治疗师"之一的美国建议专栏作家安·兰德斯（Ann Landers）的信，这封信的内容就是解决导向式方法的完美介绍。一名妇女在信中告诉其他女性，如果她们的丈夫打鼾，请不要抱怨。多年来，她的丈夫打鼾"打得像鹿鸣一样"，她也一直向他抱怨他鹿鸣般的鼾声，但她丈夫不相信他会打鼾，终于在一个晚上她告诉他，要用录音机录下他可怕的鼾声向他证明。她让他去睡觉，然后尽情地打鼾。让她惊讶的是，那个晚上她丈夫的鼾声一点都不吵，反而轻柔得"像只老鼠"。从此以后，他再也没有大声打鼾。信的结尾她感伤地写道，她的丈夫一年前去世了，她非常想念他，希望能够再次听到他鹿鸣般的鼾声。[《奥马哈世界先驱报》（Omaha World-Herald），安·兰德斯专栏，周日，一九八七年十二月十三日]一个录音机怎么就治好了打鼾呢？答案是当我们反反复复做同样的事情时，我们得到的只能是同样的结果。但如果我们做了一件不一样的事，通常就会由此引发改变。思考一下下文中的故事。

一天，一名在监狱服刑多年的犯人在他工作间地面的刨花里看到了几小段明晃晃的金属丝，于是他把这些金属丝收集起来装在一个瓶子里放在牢房，好让牢房有一点亮光。关押多年后，他最终被释放了。他带走了这个装满金属丝的瓶子，作为多年监狱生涯的一个回忆。现在他年老了，无法工作了，他还是每天在从前狱警要求犯人起床的时间起床，在监狱通常的熄灯时间睡觉；他在房间里走动的步伐还和在自己牢房里的一样：前四步，后四步。他就这样生活着，直到有一天他烦了，摔碎了那个瓶子。瓶子碎后，他发现生锈的金属丝已经粘在一起，连成了瓶子的形状。[包柏漪（Bette Bao Lord），《遗产：中国马赛克》，一九九〇，第三页]

当遇到问题时，大多数人都像这个把生活禁锢在瓶中的人一样：我们不断重复同一个行为，却惊讶为什么总是得到同样的结果。这有点像出国在外的典型美国游客向不懂英语的人问路一样。如果别人听不懂他的问题，他就大声缓慢地（用英语）再重复一遍：我——是——说——你——能——不——能——告——诉——我——怎——么——去——埃——菲——尔——铁——塔——啊？

当我们所做的事情没有达到预期效果时，我们常常会再做一次，只是这一次会更大声或更用力。有时这种坚持会产生一定结果（任何疲惫的父母都有对纠缠不休的孩子妥协的时候），但大多时候这种做法阻碍了我们获得预期效果。

所以，解决问题的方法不在于分析问题产生的原因，而在于要改变你使用的方法。要做出改变，就得先判定你是如何一而再再而三地重复同样的行为（问题的固有模式），然后试着做不同于之前的事情（打破问题的固有模式）。这一方式甚至可以用来处理人际交往的问题，因为在人际交往模式中，如果你改变了你的行为模式，另一个人通常也会相应地改变。

我把这称为改变问题的"常态"，这也是第一部分的讲解主题。在第二部分会讲解解决问题的另一种方式，我将其称为改变"看待问题的方式"。

打开问题之锁的第 1 把钥匙：

打破问题的固有模式

一对夫妇由于无休止的争吵而前去咨询婚姻咨询师。通常他们会对对方火冒三丈，脱口而出的就是最难听、让对方最受伤的话。伤害对方的话一旦说出口就如泼出的水，即使情绪平复后深感后悔也无法收回。婚姻咨询师探究了夫妻双方是如何从各自的父母身上耳濡目染了这种争吵的模式，但即使现在夫妻双方已经对问题的根源有了一定的了解，他们之间还是不断爆发争吵。

这位婚姻咨询师在参加了我的一场研讨会之后告诉我他再次接待这对夫妇的情况。他告诉他们他刚参加了一场研讨会，并在会上学到了新东西，如果他俩愿意的话不妨尝试一下。由于这不是该婚姻咨询师通常采取的方法，所以他无法对效果做担保。但这对夫妇的婚姻已经岌岌可危，所以他俩愿意做任何尝试。

这位婚姻咨询师建议下次他们吵得快失控时，就稍停一下，然后都到浴室去。到了浴室后，丈夫脱掉所有衣物躺到浴缸里，妻子不解任何衣衫，只在靠近浴缸的马桶上坐着，然后两人再继续刚才的争吵。

你可以想象得到，在这种情况下是很难吵起来的。丈夫感到这种场景非常荒谬，并且自己还赤身裸体，完全无法找到平时吵架的状态。妻子则觉得场面太搞笑了，没办法整理出平时吵架的思路。但正如婚姻咨询师所建议的那样，之后的几周每次爆发争吵时，他们都忠实地执行了这个建议。不过在前往浴室几次以后，他俩学会了如何进行调节以使争吵不至于失控——当出现吵架的苗头时，其中一个就会瞄一眼浴室，另一个就会说："好吧，好吧，我们先冷静下来，看能不能通过心平气和的沟通来把问题解决掉。"

当你被一个问题卡住时，尝试用新方法来解决问题。采取行动，就一个行动——一个与之前不同的行动，来打破问题的固有模式。"全天下最愚蠢的事就是每天不断重复做相同的事，却期待有一天出现不同的结果！"

我的朋友克丽丝就非常成功地运用了"打破模式"的方法。她有两个小孩，她觉得每天都睡不够。克丽丝也不是个喜欢早起的人，每天早上她起床后都牢骚满腹，动不动就厉声指责她的孩子和丈夫。

一天，当她对其中一个孩子拖拖拉拉大为光火的时候，她的丈夫看着她问道："你是怎么了？今天早上起床下错床边了吗？"[①] 她嚷嚷了几句作为回应。一家人都出门上班、上学后，她发现自己在不自觉地认真思考这个问题，可能她真的是起床时下错床边了。她要在第二天早上试一试改变问题的"常态"。

因此，第二天早上起床时，她在床上翻了个身滚到了她老公睡觉的那一边，从那边起床。令她喜出望外的是整个早上变得与以往完全不同了：她没有烦躁易怒。于是她继续以这种方式起床，这一好现象也持续了一段时间，直到有天早上她发现自己又开始莫名冒火。但她意识到她可以再一次做出改变，于是她把起床方式改成爬到床尾再起来。

再次强调：这看起来简直是易如反掌，但你得亲自尝试

---

① 英语俗语 "get up on the wrong side of the bed"，意为一起床心情就不好。——译者注

一下才能知道这一方法能不能对你起作用。

传统心理学的解释告诉我们行为是由感受引出的，而解决导向式思维则指出，新的行为可能引起新的感受。

我在二十世纪七十年代第一次想到这个理念。当时我住在亚利桑那州，一度对草丛中的花粉过敏。也是在那时我读到一本关于一名叫亚历山大的澳大利亚人的书，他提出了一个方法（亚历山大法）：不使用药物治疗身体的健康问题。他原本是一名演说家，但声音却逐渐嘶哑了，他看了很多医生，都没有治好他嘶哑的症状，最终不得不放弃自己的职业。

他下定决心自己解决这个问题，于是他开始研究人体。有一天他站在镜子前尝试着演讲，同时观察镜中的自己，他发现只要他张嘴说话，就会用一种特别的方式收紧脖子，端出一种架势，于是他有意放松了颈部肌肉并变换了姿势——他的声音立刻就恢复正常了！

读到此处时，我想到了固有模式问题，既然我也不会有什么损失，于是我决定把这个方法在我的过敏症上做一番尝试。我决定观察与我的过敏症相关的任何固有模式，然后改变固有模式中我能改变的任何一环。

因此我开始留意自身起过敏反应时都有哪些行为。通常我的过敏模式是首先我的鼻子开始发痒，然后我知道要打喷嚏了，所以会收紧面部肌肉，接着我就会连打约二十个喷嚏。之后，我就开始流鼻涕，眼睛和嘴角开始发痒。我注意到一旦我开始打喷嚏，就没法思考，因此我决定在打喷嚏前打破模式。

我发现如果我有意放松脸部肌肉而不是收紧的话，我就不会打喷嚏。起初这实施起来非常有难度，鼻子一痒，我就很想痛快地打喷嚏，忍着不打都快把我憋疯了，但我还是强行忍住了。如果不打喷嚏，我就不会流鼻涕，我就打破了固有的过敏模式，我的眼睛和嘴角也就不会发痒。几分钟后，打喷嚏的冲动减小了，直到最后完全消退了。

开始的几周里我需要多次打破固有模式，之后我的过敏症就消失了。在那个时候，我就深信打破固有模式能产生巨大的效力。

要打破固有模式，你得成为你自身问题的专家，你要实实在在地研究你的问题，做好笔记，理出清晰的观察结果。不要参考理论和解释，你只需要描述自己的问题，把着眼点放在找出问题，以及问题如何呈现上，而不是聚焦在问题的原因上。

打破固有模式 方法 1：
改变问题的"常态"

改变问题"常态"的一个方法是想象你要教某个人来体验你的问题"常态"。如果梅丽尔·斯特里普（Meryl Streep）或罗伯特·德尼罗（Robert De Niro）在一个电影中要扮演你，就得知晓如何重现你遇到的问题，那你会给他们什么样的建议呢？扮演你的人应该怎样着装？一天中问题应该出现在哪个时间点或最可能出现在哪个时间点？扮演你的人应该说什么、做什么才能引发问题？要怎么做才能让问题持续发生？

你甚至可以运用此法来让自己"感受"问题。假设你要得抑郁症，你会如何表现你的抑郁症"常态"呢？因为我初上大学时辅修过抑郁症课程，因此我对抑郁症了如指掌。如果我要是得抑郁症的话，我做的第一件事就是尽可能地长时间赖床不起。如果我起床的话，那我会长时间地呆坐在屋里的某个地方。我绝对会避免出门散步、跑步或锻炼，因为任何让我大喘气或剧烈动用肢体的动作都会加重我的抑郁。同样我也会避免与他人见面或相处，我主要是独处，郁闷地苦思我的过往以及做过的错事。如果万不得已要出门社交，我会试图仅与一两人接触。和这一两个人交谈时，我会限定我的活动范围以及对话话题。通常我会和他们讲我是多么抑郁，把我自己与别人对比时，我总是自觉不如别人（我会提到其他人比我更健康或生活得比我更幸福）。这样的心态完全无法给抑郁带来一丝好转。

显然，要改变这种抑郁的情绪就得停止抑郁"常态"模式中的任一环节，开始做一些固有模式以外的事情。

这种方法也可以运用在焦虑症上：在焦虑症的"常态"下，你有哪些表现？或者用于处理嫉妒心理：在嫉妒心理

的"常态"下，你有哪些表现？或者用于处理你和伴侣间
绵延不断又徒劳无用的争论：如果我是你，我要怎么做才
可能引起与妻子/丈夫的争吵？怎样做会导致争吵不断发生
或升级？

要发现一个问题的固有模式，你可以问自己以下六个
问题。

- 通常情况下，问题发生的频率是多少？（每小时一次、
  每天一次还是每周一次？）
- 问题通常在什么时间点出现？（一天、一周、一个月
  或一年里的哪个时间？）

  问题是不是仅出现在周末？仅出现在晚上？下班回家
  后问题就会立刻出现？

- 问题通常持续多久？
- 问题通常在什么地方出现？

  在客厅？厨房？浴室？上班时？当你在车上时？

- 出现问题时你是怎么做的？

  你拍桌子了吗？离开房间了？打电话给朋友发泄了？
  躲避不见他人或不和他人说话？冲出去买吃的或买杯
  咖啡？

- 问题出现时，你周围的其他人通常做什么或是说什么？

  他们给出建议了吗？指责你或他人了？说了些口头
  禅或用了特别的语气说话吗？

一旦你发现，你一遍又一遍重复的行为模式已成了问题的一部分，那么你就得问自己，在整个过程中，有哪些你能做又愿意做的事情是可以带来显著改变的。通常这会涉及行为的改变，可能包含以下列出的一个或多个因素。

- 改变问题通常出现的时间。

  一对夫妻过去常在每个傍晚丈夫下班到家后开始吵架，于是他们决定如果有什么事情需要讨论，要等到丈夫冲个凉换下工作装以后再进行。结果，他们利用时间上的转变避免了争吵。

- 改变问题出现的前一个行为。

  我在大学时曾有段时间严重失眠。因为当时在学心理学，我在漫漫长夜辗转难眠时便在思考失眠这一心理问题的根源到底在哪里。一天晚上，在熄灯睡觉前我读到了每瓶可乐饮料里咖啡因含量的信息。我抬眼一看，在我的床头柜上赫然放着一瓶十六盎司（约五百毫升）的可乐——我通常在关灯前会喝点可乐，然后才睡觉。那个晚上我没喝可乐，很轻松地就睡着了。后来我完全戒掉了喝可乐的习惯，就再也没有失眠过。

- 改变问题发生后紧接着采取的行动。

  我曾有一个访客，她总爱拔她的头发，拔得都快半秃了，但却似乎改不了这种强迫症行为。她还告诉我说把头发拔下来后，她会嚼发根，嚼完才会扔掉。我建议她再拔头发的时候，拔完立即扔掉，不要嚼发根。结果，她就不再拔头发了，因为她发现不嚼发根没法给她带来满足感。

- 如果你能让其他人配合参与改变的话，让他人改变问题发生前、发生时和发生后的行为。
- 改变问题发生时你的穿着。

一位女士前来咨询我，让我帮她改掉大吃大喝又狂吐的问题（这是暴食症的症状）。我建议她在打算暴食前先停下来去穿她最喜欢的鞋子，不管何时何地，也不管她想不想穿那双鞋子，她都得这样做。她同意遵照建议，最终改掉了暴食的毛病。她说花在穿鞋上的那点时间足以让她思考她的行为，这样她就不会在有了暴饮暴食的冲动后立马自动且强迫性地暴食。

- 改变问题发生的地点，无论是在家里还是在外面。
- 改变问题发生时，你肢体的动作方式（或不动的方式）。
- 问题情景中的任何其他典型行为或特点。

我曾经建议一位暴饮暴食后又狂吐的女士，尝试吃一些沙拉并学着每天细嚼慢咽地吃几片巧克力（因为不暴饮暴食时，她通常不会吃巧克力）。

有一次我去阿根廷的一个讲学班讲授解决导向式疗法。学员们想让我现场展示这一疗法，于是我就打算在现场学员中找一位志愿者。我问道："现场有没有学员想要在这里当众讨论一个想要解决却一直无法自己解决的老问题?"一名女学员走到讲台上来,告诉我说她近来体重大增,而且看起来没办法减掉或停止过量饮食。因为我来阿根廷后都瘦了,我就让她教我如何增重或保持体重。她跟我说她总是不吃早餐就去上班,而在公司总有人带些易发胖的糕点来,她发誓不吃这些糕点,但最终还是没有忍住。她会从糕点上切出最小一块,暗自发誓这是她唯一会吃的一块,但后来她却一整个早上都在跑去拿糕点,每次都拿最小的一块。到午餐时,她已经吃得很饱了,所以她会只吃一份没有沙拉酱的沙拉。接着一整个下午她都不再吃其他东西,而是等到晚上和家人在家吃一顿日常晚餐。然后夜深人静——她的孩子都去睡觉了,老公也在卧室准备看会儿书就睡——的时候,她却站在厨房的冰箱前,大口大口地吃着冰激凌。

我们讨论了在这个问题上她可以做哪些事情打破固有模式。她表示她不想只为吃个早餐而早起。她已经尝试过了拒绝糕点,但没成功。于是最终我们选定了从冰激凌这个环节入手。她同意如果想吃,就把冰激凌拿到卧室去,在她老公面前吃。当然,她觉得这么做很别扭,于是很快就改掉了强迫性进食冰激凌的毛病,她的体重也随之开始下降了。

如果你有强迫性进食饼干的习惯,换只手吃饼干就可以作为打破固有模式的第一步。如果你是右撇子,那么吃一切健康美食时就用右手，吃饼干或其他垃圾食品时就只用左手；或者尝试在你住的公寓楼的大厅吃，而不是在你的客厅边看电视边吃；或者在吃饼干前穿上你最漂亮的衣服。

如果这些建议让你觉得很好笑，那你很可能选对了打破固有模式的方法，因此尽情地享受其中的乐趣吧。

一个家庭因为家中总是矛盾不断而前来咨询。继父和继女之间总是吵架，母亲夹在中间，他们都想拉拢她，她则试着维持和平。治疗师建议下一次爆发争吵后，母亲先叫停两个人，然后把他们赶到后院去，给他们一人一把水枪，让他俩背对背站着，不能说话，然后一边数数一边让他们各自向前走一步，数到十步后，两人转身朝对方射击，直到水枪里的水完全用完，然后母亲来评判谁赢了这场双人水枪对战。你可以想象，水枪战带来的巨大乐趣很快就能把双方的争吵降低一个等级，这样就更容易解决问题了。

有时，把新事物与固有模式关联起来也非常有效。

一名妻子总是抱怨丈夫不会主动要求性生活，对性生活不感兴趣。妻子跟丈夫说过很多遍要为他们的性生活增添点情趣，或增加性生活的次数，但丈夫总是答应后又不遵守承诺。于是妻子越来越不满意，甚至常幻想与更热情和更有性欲的人来一段外遇。因为不想余生都索求热烈的情爱而不得，她甚至考虑过离婚。

后来有一天，丈夫抱怨妻子不愿意洗碗，总是留给他洗。两人为此吵了一架后，达成一致：如果丈夫同意在妻子洗碗后主动提出性生活的话，妻子就答应多洗碗。于是妻子更勤快地洗碗，丈夫很快也在性生活中表现得更活跃。

杰夫有一个很典型的问题模式。他会因为自己的烦心事或是他人的事过度思虑。他会一直想着某个事情，然后变得焦虑，他痛恨这种焦虑感。于是他便开始喝酒，对与他亲近的人避而不见，包括他的女友、父母、工作中的朋友。他有运动的习惯，但当他开始借助酒精麻醉自己时，他就不会去运动。这种模式持续几天后，他会感到非常抑郁，随之带来惊恐发作。到这时，他就会去寻求治疗师的帮助。

他的治疗师践行的是解决导向式疗法，和杰夫讨论过他的模式后，两人提出了中断模式的几个简单行为：当杰夫开始注意到他在思虑某件事时，他同意告诉某个人，他通常会告诉他的女友，但也可以是他的父母、朋友，甚至打电话给治疗师简单地聊一下。杰夫还承诺如果他开始陷入焦虑的话，他会尽快去健身，这样，他就不会进入固有模式中饮酒和惊恐发作的环节。杰夫最终改变了他自身问题的固有模式。

当你在改变问题的固有模式时，不要做任何有害、危险、非法或不道德的事情。除此之外，你可以放飞你的想象力，找出创新性的方法来摆脱你的困境。

方法 1 总结

改变问题的"常态"

　　改变问题固有模式的一个办法是，当问题出现时做一些不同于往常的事情。留意问题出现时你通常会采取哪些做法，然后当问题再一次出现时，采取与之前不同的做法。

打破固有模式 方法 2：
利用矛盾法

　　许多年前，在奥地利流传着这样一则故事：一所高中正在筹备一出话剧，剧中有一个角色说话结巴。正好学校里有一名中学生说话结巴，剧组人员决定邀请他来出演这一角色。事实上，这个结巴的中学生内心一直深藏着一个舞台梦，虽然这个角色有点让他尴尬，但能上台表演让他兴奋不已，于是他答应出演。但当他去排练时，出乎意料又让他无比懊恼的是，当他故意表演结巴时，却一点儿都不结巴了，言语清晰又流畅。最后学校不得不找另一名学生来演这一角色。

　　奥地利精神病医师维克托·弗兰克尔（Viktor Frankl）听说了这个故事，决定把它应用在自己的病人身上。他开始指导患焦虑症的病人故意尝试感受焦虑和惊恐，当然他们中的许多人也和这位结巴的学生一样，故意为之时却反而办不到了。

　　弗兰克尔将这种方法命名为"矛盾意向疗法"（parado-xical intention），并把这种方法成功地运用在了多个其他问题上（主要为失眠和阳痿问题）。他会让尝试入睡的患者保持清醒，患者反而很快睡着了；让尝试唤起性冲动的患者避免性冲动，患者反而感受到更强烈的性冲动。弗兰克尔的这一理念有两方面的解释：一是人们尝试控制在无意识情况下发生的事情而干扰了事情的自然过程；二是人们在尝试阻止自然发生的事情时，越努力事情反而变得越糟。因此解决的方法要么是停止尝试解决问题，要么是让事情变得更糟。

　　曾经有位治疗师在帮助一位来访者时遇到困难，前来向我咨询。他的这位来访者是位十九岁的女孩，患有一种特别的"广场恐惧症"（害怕出门或离开家），她害怕离家外出是因为她深信她会出现"小意外"，即，如果她无法迅速使用卫生间，就会尿失禁。她得做好安排，让自己总能就近使用到卫生间。偶尔她也会外出。她规划了从家里步行几个街区去就读的社区大学的路线，她对这一路上公共卫生间的位置一清二楚。只要她妈妈答应只在她批准的线路上行驶，她也会乘妈妈的车出去兜一圈，因为她已经把这些线路上沿途的所有卫生间都记下来了。有时在兜风的过程中，她会惊慌失措并朝她妈妈大喊，要求立马停车，然后会跑到最近的卫生间，坐在马桶上尝试小解。当然她只能小解出几滴尿液，因为出门前她已经很谨慎地先上了一次厕所。由于这一问题，她的生活受到了很大的限制。

当我见到她时，我问她，在这个问题上，有没有发生过出乎她意料的状况。她说父母离婚时她选择跟着母亲生活，离婚时在财务分割上父亲比母亲取得了更多优势，母亲和她都对这种不平等的分割非常失望。同时，父亲对她的问题也没有一点同情，反而认为是母亲太过迎合才加重了她的问题。尽管如此，她仍然与父亲保持着联系。

一天，父亲邀她出去吃午饭。她说只有他同意走选定的路线，并且在她要求时立即停车，她才去。父亲同意了，但在接到她后，父亲把车开上了高速公路，偏离了她拟定的路线。她开始惊恐，并朝她父亲大叫停车，让她下去。她父亲拒绝停车，并挑衅道："这太荒谬了！你绝不会现在尿裤子！如果你现在尿在我车里，我给你五百美元！"她对父亲怒不可遏。父亲的这辆车是新车，内饰还是白色的。她真的很想尿在这辆崭新的车里，报复他不守信用，同时还能拿点钱补贴她和母亲。但正如你想象的那样，不管她怎样尝试，还是无法尿湿裤子，后来他俩就一言不发地一路开到了餐厅。

这种方法就像是电影里的一个情节：当一个人陷入流沙时，其他的人会建议："不要动，乱动只会让你陷得更快。四肢放松，让自己浮起来，漂向坚实的地面，然后再爬出来。"与其奋力挣扎着解决问题，不如顺其自然，放松心态，省下想方设法扭转事态的力气。这通常也会对问题的"常态"带来大改变，能让你从深陷的问题泥潭中脱身。

（方法 2 总结）

利用矛盾法

改变问题固有模式的一个办法是设法让问题恶化（即加大强度或频率）。或者你可以故意让问题出现，或不再试图避开问题，而是面对它，让它出现。这一方法最适用于情绪或身体上的问题，如失眠症、焦虑症、恐惧症、恐慌症和性功能障碍。

打破固有模式 方法 3：
把新行为和问题的固有模式关联起来

生命就是一场实验。你试得越多，就做得越好。

——拉尔夫·沃尔多·爱默生

（Ralph Waldo Emerson）

打破问题固有模式的另一种方法，是把一些别的事关联到出现的问题上。这件事可以是你一直觉得自己该做但又没做的一件事，也可以是鼓励你打破问题常态的事情。

一位厌食症患者正在恢复中，但她想要维持目前的体重，为了代餐，她养成了一个习惯：在一天里频繁喝水。现在她的问题是由于频繁喝水，她感受不到饥饿，因而就会忘记吃饭而导致体重又下降。治疗师采用了解决导向式疗法帮助她，她决定将喝水与吃东西关联起来。于是每次当她喝一杯水，她就要吃一些随身携带的饼干和奶酪。就这样她慢慢地重新养成了吃东西的习惯，并且还能保持体重稳定。

要打破固有模式，还可以选择一件艰难的、让你备受折磨的事，在每次出现"问题常态"时就做这件事。

一对夫妇前来找我时婚姻已经快走到了尽头。妻子说丈夫是个工作狂，每天都工作到很晚，每周工作六天，到第七天才会休息。休息时，他会一整天躺在安乐椅上，开着电视睡觉。丈夫解释说是他的老板压榨他，他现在是门店经理，正在接受培训成为连锁店的区域经理，而当前的区域经理为了节省开支，以便向公司总部呈上一份好业绩，而说服了这位继任者不要为他的门店招新人，于是丈夫不得不在完成平常门店经理要做的工作后，还要留在店里把货品摆上货架，一直工作到很晚。他知道应该维护自己的权利，但他的老板却让人生畏，威胁说如果拒绝，就要阻止他晋升。

这对夫妇的问题模式很好预料。首先丈夫会答应妻子当天晚上的情况肯定会不同——他会设法早点回家与妻子共度良宵。妻子期待着丈夫能在六点左右晚饭时间到家，但他却每每都在十点或十一点才到家。在这期间，妻子会火冒三丈，等丈夫到家后，他俩就会大吵一架，吵上几个小时，妻子抱怨和责骂丈夫，丈夫则不停地辩解，承诺会改正。随着吵架越来越频繁，丈夫也更愿意工作到很晚，希望到他回家时妻子已经睡着了，这样就能避免吵架。近来，妻子开始一周几个晚上与她的女性朋友们出入酒吧，丈夫对此很有意见，因为在他看来，与单身朋友去酒吧就是要物色外遇机会。妻子还打长途电话给亲朋好友，电话费也增加了不少。妻子则说只要丈夫不在家，他就没权抱怨，她也得做些事情来娱乐自己。

几番讨论后，我说服他们同意暂缓离婚程序，先做一个试验。妻子先与丈夫在回家时间上达成一致，而不是在家里着急上火地闷等。他俩决定把时间定为七点，留一点余地，好让丈夫处理意料之外的延迟和任务。七点后，如果丈夫还没有到家，妻子则记录下从七点开始到丈夫进家门的这一段时间，精确到分钟，然后把这段时间"存"起来，即丈夫回家晚了，妻子不能说一句指责的话，而是把丈夫在这一周里晚回家的时间全部加起来，然后从下列三件事中选择一件来花掉这些时间（以分钟计）：（1）她可以毫无顾虑、自在悠闲地在酒吧里消磨掉这些时间；（2）她可以打相同时长的长途电话，但丈夫不得对话费有任何抱怨；（3）丈夫同意在周末和妻子一起把这段时间用于探望妻子的父母或他自己的父母，同样，丈夫不得有任何抱怨。最后一件事其实是妻子真心享受但丈夫不情愿做的事情，因为周日是丈夫唯一的休息日。

他们尝试了试验，不过，由于丈夫很不喜欢晚回家带来的后果，因此他每天都在晚上七点回到家。

米尔顿·艾瑞克森是教我精神疗法的一位老师，我在本书前面的章节中提到过他，他曾讲过一个有关他接诊的一名严重失眠症患者的案例。几年前这位患者的妻子去世后，他就一直无法很好地入睡。他会辗转反侧几小时，尝试入睡，最后会在早上四点钟左右睡着。在过去的一周里，他总共只睡了约十二小时的好觉。他和他儿子一起住在一个大房子里，两人分工做家务，他顺口告诉艾瑞克森他很高兴可以和他儿子住在一起，因为他住的房子铺着精致的实木地板，必须定期打蜡，他很不喜欢给实木地板打蜡，但幸好他儿子同意了做这件事。

艾瑞克森告诉这位失眠症患者，他可以帮助这位患者解决失眠的问题，但需要这位患者承诺为此付出努力和做出巨大牺牲。这位患者说他愿意做任何事摆脱失眠，因为失眠快把他折磨疯了，并且他从不惧怕付出努力。艾瑞克森让这名患者在他通常就寝的时间（晚上八点）就寝。如果十五分钟后还没有睡着，他就得起床去给地板打蜡，直到他平时起床的时间（早上六点）。

经过三个精疲力竭的晚上后，这位患者发现在第四个晚上十五分钟的时限过后，他还是不能入睡，于是他拖着疲惫的身躯起床去给地板上蜡。很快地，他觉得非常疲倦，无法继续，他决定去床上合眼休息几分钟再起来继续打蜡。接下来他醒过来时已是第二天早上，他已经在床上睡了九个小时。他自此再也没有了入睡难的问题。艾瑞克森戏谑地说，这位患者会做任何事情来逃避给地板打蜡的任务，即便是让他去睡觉！

艾瑞克森还举了一例，采用的是这种"折磨"方式的变形，他曾建议一名受失眠困扰的律师在难眠的夜晚阅读经典名著。这名律师是通过读夜校完成的学业，因为从未读过经典文学作品，他总觉得自己的教育是"次等的"。听取艾瑞克森的建议后，很快他就开始每晚在客厅的椅子上睡着了，艾瑞克森于是建议他站着靠在壁炉上读名著，这样他就不会太快睡着，就能多读一点。逐渐地，这位曾受失眠困扰的律师竟学会了站着睡觉。

在此，你应该已经明白了这个理念：将一些令人不快的活动与出现的问题关联在一起，你会发现，自己能很快地克服问题。

方法 3 总结

把新行为和问题的固有模式关联起来

找到一件每次问题出现时你都能做的事情——一件能让你受益的事情。

找到一件你一直觉得自己该做但通常又回避或推迟做的事情。每次你感觉问题将按"常态"发生时，先做这件你回避的事情。如果做不到，那就在问题按固有模式循环一遍后，拿出与这个循环对等的时间来做这件你回避的事情。

把问题与你不喜欢的事情关联起来，让问题转变成一个令你备受煎熬的考验。

如何比老鼠更聪明

> 洞穴理论的首要规则就是，当你身处洞穴之中时，就不要再挖了。
>
> ——莫莉·艾文斯（Molly Ivins）

有这样一个故事，讲一个人去世界各地寻求智慧。他想知道人类的秉性是如何被塑造的，世界是按照什么规律运行的。他的研究让他接触了许多不同的学科：他研究了灵修学，逐个地从一个宗教研习到另一个宗教；他研究了武术、田径、瑜伽和其他体育学科；然后他在学术领域搜寻了一圈——数学、物理、经济、地理、地质、社会学和人类学；最后，他来到了心理学。

此时，他已经从各方收集了一些有关人类和世界的智慧。但他也明白心理学中存在很多猜测，他很想直达心理学的核心，这样他就可以继续向下一个领域探寻。

因此他打算去图书馆寻找一本简洁明了又只包含最少量猜测的心理书籍。他找到一本他认为最适合的书，书名叫《心理学证实的现象》（*Things Psychology Has Proved*，是一本比较薄的书）。在阅读过程中他发现所有的心理学结论都证明，人可以教老鼠闯迷宫，并且老鼠还能学会如何越来越快地闯出迷宫。

我在读大学的时候做过这个实验，所以我学到了其中的奥妙：把小白鼠放在迷宫的入口处，迷宫有四个可能的出口以及各种可移动的槽孔，可以用于变换迷宫的设置。

开始实验时，你先把一些奶酪放在其中一个隧道的末端，在此假设把奶酪放在四号隧道末端。

把小白鼠放进迷宫，它跑去一号隧道，没有出口，也没有食物。小白鼠很饿，于是它又跑去二号隧道，没有出口，也没有食物。接着跑去三号隧道，没有出口，也没有奶酪。它最终在四号隧道找到了出口，也找到了奶酪。把小白鼠多饿一段时间来激发它更大的动力，然后把它放在迷宫入口处，再次把食物放在四号隧道末端。整个过程重复了一遍：小白鼠跑去一号隧道、二号隧道、三号隧道都没有找到奶酪，最后小白鼠又一次跑向四号隧道，找到了这个错综复杂的迷宫的出口，也找到了食物。很快，小白鼠就会被你训练聪明了。当你把它放在迷宫入口后，它会直接朝着四号隧道跑去，找到奶酪。

现在，关上四号隧道。作为一个"残忍"的心理学学生，你要测试出小白鼠要花多长时间才能抛开固有的寻找路线而习得新的路线。打开二号隧道，把奶酪放在二号隧道末端。把小白鼠放在迷宫入口处，它会立马跑向四号隧道。没在四号隧道找到出口和食物，它会迷惑不解地返回原点。

小白鼠会在同样的路线上来来回回地跑，你记录下它这样来来回回地跑了多少次。很快，小白鼠实在是饿了，它会放弃四号隧道，跑向一号隧道，接着跑向二号隧道，并在二号隧道找到了奶酪。如果持续把奶酪放在二号隧道，小白鼠就会开始持续不断地往二号隧道跑。

这个人读完了整个过程，合上心理学书，放回书架上，开始思考："这本书只给我提供了有限的人类智慧和世界运作的智慧。老鼠和人类之间有着天壤之别。从我目前学到的知识来看，老鼠和人类对待饥饿问题会采取不同的方法，老鼠最终会跑去其他隧道，而人类只会一次又一次地跑向同一个隧道，幻想着奶酪最终会出现在那里。人类的思维模式是，如果事物曾在那里出现过，那么当然还会出现在那里。"

在我的诊疗实践中，我注意到有时人们甚至会搬把椅子坐在四号隧道末端，守株待兔。他们想的是："我要在这附近转转——我确定奶酪很快就会出现了。"他们认为事情是这样的：它在我的家庭里伴随着我成长，因此它肯定还在；或者，它出现在我上一段感情里，所以我确定它还会在；或者，它要出现才能说得通，所以我就等着吧。

老鼠所知道的是它们很饿但还没找到奶酪，而另一方面，人类可以数十年如一日地"靠吞食幻想过日子"。利用解决导向式方法，可以终止你跑向心中的这些幻想和念头，找到人生中的"奶酪"。最终，可能你会在处理问题上比老鼠更聪明。

对于很多人而言，他们只需要利用这第 1 把钥匙就能打开自己的问题之锁了，或者至少能当机立断，开始做出改变。如果这把钥匙不适用于你，也不要灰心气馁（至少你已经尝试过了，不是吗？如果试都没试过，它肯定不会有用）。在第三章中，你会学到如何使用打开问题之锁的第 2 把钥匙：找出并使用问题的"解决模式"。

打开问题之锁的第 1 把钥匙：
打破问题的固有模式

方法 1：改变问题的"常态"
要解决一个问题或改变一件没有如期发展的事情，可以在重复的行为中改变任何你能改变的部分。

方法 2：利用矛盾法
任由问题自然发展或设法使问题恶化，不再尝试修复问题或扭转情况。

方法 3：把新行为和问题的固有模式关联起来
每次问题发生时，则在当时的情况中加入新的、通常让你感到艰难的事情。

第三章

形成解决导向式思维

采取有效行动

人们只喜欢计算他们的麻烦，不喜欢计算他们的喜悦。

——摘自费奥多尔·陀思妥耶夫斯基（Fyodor Dostoyevsky）的《地下室手记》（*Notes from the Underground*）

改变问题模式最快的一个方法，是找到你已采取的有效行动。这让人联想到第一章中"密尔沃基的非洲紫罗兰皇后"的故事，艾瑞克森看到了妇人培养紫罗兰的兴趣和技能，并加以利用，帮助她克服了孤独和抑郁。在你的生活中有哪些"非洲紫罗兰"是你可以用来改变模式和解决问题的呢？

打开问题之锁的第 2 把钥匙：

找出并使用问题的"解决模式"

用于解决问题的下一个解决导向式方法，是找出你或其他人采取过的，并降低了问题严重度或完全解决了问题的行动。这种方法其实是第二章主题的一个变形。当你采取的行动无效时，那就做点别的。这里所讲的"做点别的"，包括那些曾经有效的行动。这些之前已经使用过的解决方法很容易实施，因为你已经知道如何去做，并且这些方法适合你所处的"自然环境"，它们是你摸索出来的，不会像从他人那里获取的主意或解决方案（即便是好主意或好方案）那样可能会让你"水土不服"。

要解决问题，一个简单有效的方法是针对问题找出某次事情曾出现转机的情况，然后将此次情况中你采取过的部分行动刻意加入现有的问题状况中。你可以从以下四个方面入手。

寻找解决方案 方法 1：

自我反思，什么时候觉得问题即将出现，

但却没有出现

大多数人都能记起这样的情况：某次自己预料问题会出

现，但由于某种原因，问题却没有出现。不妨好好回忆一下这种经历。

可能是当你和你的另一半马上就要进入平常的斗嘴模式时，不知怎的，你们避免了争吵。你怎么解释这个变化呢？问题没有重复老旧模式，当时你的另一半是如何反应的？他或她对此开起了玩笑？还是声调柔和了不少，或向你走近了几步？

是否有一次老问题刚露出苗头就被掐灭了，没有像通常一样演变成一件烦心事？你能否回忆起某次当你又如往常一样恐惧某事并试着回避时，不知怎的，你突然信心大增，决定勇敢面对？

找出这种情形，思考当时你采取了哪些与以往不同的行动。如果你通常会在晚上吃一袋饼干，但你不喜欢由此导致体重增长，那么回忆一下某个晚上你没有吃饼干的情形——不管出于何种原因。你没吃饼干，可能是由于当晚有人到访；也可能是因为午餐时你吃了个大餐，所以当晚不像平时那么饿；也可能是你得到一个激动人心的消息，因此当晚你没有平时那么疲倦；也有可能当晚你在节食。但出于何种原因并不是重点，重点是你采取了什么行动替代了在晚上过量饮食这一行为。你是否在当晚把（用于吃饼干的）时间用来阅读、外出看电影、清理衣柜、和朋友通电话了？你采取的这个行动很可能就是解决问题的关键。运用解决导向式方法时，我建议你在当下刻意复制那时的自发行为，而不是分析你为何那晚可以做到不吃饼干。当你一身疲惫地回到家后很有可能会去拿饼干吃，但如果你选择坐下看会儿书，或打通电话给朋友，或出去看场电影，或去清理衣柜，你会发现去拿饼干吃的可能性已经很小了。不要把重点放在"你做事的原因"上，而要放在"你采取的行动"上，然后再次采取这一有效行动。你不必把这一行动实施得无可挑剔，或每晚都实施，你只需开启你的"解决问题模式"，看看会发生什么。你会和大多数人一样，发现只要采取了有效行动，就会开始感到不同，不会再觉得无力摆脱困境，而是轻松了一些。因为你感受到了不同，那么做一些不同于往常的事就会更容易。

方法 1 总结

自我反思，什么时候觉得
问题即将出现，但却没有出现

　　找出某次问题没有按固定模式发展的情形，深挖在当时的情形下出现的改变，并在下一次问题出现时刻意重复你能采取的有效行动。

寻找解决方案 方法 2：
留意问题结束或开始结束时发生了什么

　　要降低一个问题出现的频率，或尽快把它驱除出你的生活，有时利用你在问题平息时所采取的行动也可能达到目的。通常这需要找到在问题结束或开始结束时，你有哪些自发性的行为，这些行为是可控的，当下一次问题出现时，刻意地做出这些行为。这一次，你要比平时更快（采取这些行为）——这一次你是在有意识地行动，而不是偶然为之。

一对找我做婚姻咨询的夫妻经历过彼此"冷战"的时期。每次当气氛紧张起来时，两人会吵上几句，然后接连几天不说话。我问他们冷战的氛围是怎样开始缓和的，他们回答说当他们打过电话后就会缓和。夫妻中有一人经常出差，即使他俩正在气头上，似乎总能在一通电话后和好。有可能是距离产生美，也可能是两人不面对面反而更好沟通。不管怎样，他们决定试验一番：如果又爆发冷战，一个小时后，他们就用家里的两个电话和对方沟通。尝试过后，他们发现这一方法常常能帮助他俩更快地缓和气氛。

方法 2 总结

留意问题结束或开始结束时发生了什么

刻意实施一些之前做过的有益于结束问题的行为，但需要在问题情境中更早地实施这些行为。

寻找解决方案 方法 3：
在能力背景内，从其他情形中借鉴问题解决模式

通常想一想生活中能让你感觉良好的事情，如爱好、专

业知识或熟练技巧等，你就能找到问题的解决方法。我把这些称为"能力背景"。在这些让你感觉良好的事情中，有没有你了解或能做的一件事将有助于解决你正面对的问题？或许你可以利用织毛衣时培养的极大耐心，来帮助你更有耐心地应付考验你忍耐力的青春期子女。你是否在你的营销工作中学到如何倾听客户需求之类的有用技能，可以用来帮助你与伴侣和睦相处？你在高尔夫球场上一贯保持的冷静专注怎么能在开车时就忘了呢？

曾有一位对婚姻不满的女士来咨询我。她没有和丈夫一起来做夫妻婚姻咨询，而是独自前来，因为她感到所有的事情都应自己来做。她说她的丈夫是个"喜怒无常"的人，事实证明"喜怒无常"是指他会朝她大吼大叫，还会骂她，他之前曾有家暴行为，但后来改掉了，她认为自己已无法再让他做出更多改变。

她说："我觉得我只需要接受我丈夫现在的样子，他只是喜怒无常而已，他无法改变。"

我说："恐怕我不能同意你的观点。我认为正如他能改变暴力行为一样，他也能改变他的喜怒无常。"

她说："我认为他做不到。"

我反对她的说法，但换了个话题继续说道："让你来找我的那位朋友说你是位优秀的驯马师，她说你的驯马术精湛到让她难以置信，简直太高超了。"

她说："噢，是的，我在驯马上确实是一把好手。"

我说："那你告诉我如果有人牵来一匹马，告诉你这匹马绝对不可能被驯服，你会怎么做？"

她说："世界上绝不存在无法驯服的马！"她坐直身体，声音中也有了更多底气。

我说："如果别人告诉你这匹马不可能被驯服呢？"

她说："我不接受。因为世界上不存在无法驯服的马。"

我问道："你将如何训练这样一匹马？"

她说："驯马有四条简单的原则——"

"四条？"我把笔记本拿出来，然后问道，"是哪四条呢？"

"第一个原则，"她说，"不要试图在一节训练课上让马学习一个以上的内容。即使一节训练课有一个小时，你认为这匹马在刚开始的五分钟内就学会了，也不能再教它另一个新内容。因为这样做会让马感到困惑。只需要复习这一个内容，直到你认为马已经学会了就可以。"

我在笔记本上记下：从小改变入手，一旦马学会一个内容就让它休息一下。

"第二个原则，"她说，"如果你在驯马时感到心烦，你就不是在训练它了，而是在惩罚它。因此，如果你感到心烦或陷入不良情绪时，就从马背上下来，去散个步，等到你神清气爽后再回来训练。如果当天你都无法放松心情，就等到第二天再训练。再次训练时，要（把中断的训练）从头开始。"

我在笔记本上记下：不要把不良情绪或内心烦扰带到训练中，不然的话，你就是在惩罚而不是在训练。

"第三个原则，"她说，"对不骑马的人来说不好理解，有时即使我没对马生气，没有因为训练进展不大而产生情绪，但马就是不配合，一直抵触。我这个精瘦的小个子面对着强壮结实、还不配合我的赛马，这时就会扔下缰绳。这一行为有很大危险性，因为我曾被甩下马背狠狠摔在围栏上。但我扔下缰绳，马就不再受束缚了，等它平静下来，我慢慢拿起一条缰绳，再拿起另一条，重新树立我的主导地位。"

于是我在笔记本上记下：放弃小控制，保持主导地位。

"第四个原则，"她说，"是一旦你针对一匹马选好了训练方法，就得坚持使用这个方法。不要变来变去，要始终如一，这样即便最难驯服的马也会改掉犟脾气，接受驯化。"

我在笔记本上记下：选择一个方法，从始至终坚持下去。

我把这页纸从笔记本上撕下来递给她，说道："拿着。假装你丈夫就是匹马。我是驯丈夫的专家，就像你是驯马的专家一样。我认为你的丈夫是可以被训练的。正如我常对我妻子说，'我学得慢，但我可以被训练。你现在就来教我一下吧'。因此我认为你的丈夫和我一样都是可以被训练的。你不能接受世界上有无法被驯服的马，我也不接受你丈夫是无法被训练的这一说法。"

她思维的小灯泡在那一刻亮了起来。她带着一个思路清晰的计划回到家，要把自己的丈夫"训练"成一个更加规矩礼貌、不再口吐恶言的丈夫。

另一个找出能力背景的方法是：想想这样的时候，你认识的人面对着跟你类似的问题，而他用让你佩服的方式解决了问题，你想要效仿。或许他被解雇了，但却很好地处理了这场危机，令你心生敬佩。你能否借用他或她应对危机的方法，来处理你的青少年子女染上药物依赖的难题？或许你读到某个人的传记，即便他受到外界压力，要求他走更传统的道路，但他仍然坚持追随梦想。你是否能把在传记中感受到的某些部分，用于帮助自己克服对飞行的恐惧？

> 方法 3 总结
>
> **在能力背景内，**
> **从其他情形中借鉴问题解决模式**
>
> 检视你在工作、爱好、与朋友相处及其他场景下的固定模式，找出可以运用在问题情境中的有效行为。

寻找解决方案 方法 4：
自我反思，为什么问题没有恶化

你怎么解释你的情境或问题没有变得比现在更糟？虽然用这一方法寻找问题解决模式有点奇怪，但通常能起作用。

一名体重长期在两百八十磅（约一百二十七公斤）左右的男士告诉我，他的饮食和体重都失控了。我问他为什么他的体重还没上三百五十磅（约一百五十八公斤）。他露出了个尴尬怪异的表情，但还是表示他无法忍受自己胖成那样。我告诉他我明白他的意思，但我还是不确定他怎么确保另外的七十磅（约三十二公斤）不长上去的。他说每当他的体重达到两百八十磅时，就会调整饮食（这表明他并不是那么失控）和加强锻炼。因此，我们要采取的策略，就是让他在到达两百八十磅这一巅峰体重前就进入已有的调整饮食和加强锻炼的模式——他已经知道如何减重，他只是没有很好地使用已有的方法。显然，现在要做的是激励他做出一些改变，于是我们得找出能激励他的事情。他可以站在体重秤上看看上面的数字、在镜子前看看自己、想想已经穿不了的衣服，然后受到刺激而行动起来。我们达成一致意见：他得在体重秤显示两百七十磅（约一百二十二公斤）时就开始实施这些策略，而不是等到两百八十磅。我们这样做其实是在采用他已经实施过的方法来帮助他慢慢减重。

在下文中，你将看到解决导向式疗法应用于解决严重问题的一个案例，一个看起来困难重重、令人恐慌的问题在采用了解决策略后变得更好管控了。我第一次听说这个案例时，感到些许的紧张不安。这个案例中的患者是一位有严重精神疾病并可能会有危险举动的男子。但当我见到他，并针对他的情况和他一起采用了解决导向式方法后，他看起来改变很大，情况也没有那么危险了。

　　在这个案例中，来找我做咨询的年轻男子叫理查德，刚结婚几年，他深信恶魔每晚都来找他，还强行与他肛交。理查德讲述说一切都是从孩子出生后、妻子开始在客厅睡觉开始的。他的妻子是位裁缝，会整晚边工作边打小盹儿，因此妻子就开始在客厅小睡，理查德则独自一人在卧室休息。一天晚上，一个幽灵找上了他，并开始给他口交。由于他和妻子有段时间没有性生活了，尽管背着妻子和幽灵发生关系让他感到一丝内疚，但他对于幽灵的到访还是很开心的。此后幽灵开始有规律地来访，但逐渐对他越来越暴力，有时还大力啃咬，弄伤他的私处。他开始反抗，但一切都太晚了。幽灵对他有了某种控制力，可以不经他的同意就对他施行一些举动。他感到很害怕，有一天他去图书馆查找有关幽灵的信息，他发现造访他的幽灵有可能是魅魔①，是恶魔的化身。当他得知这一信息时，他心生余悸，赶紧跑去寻求牧师的建议和帮助。牧师是位非常智慧有礼的人，牧师对他说这很有可能只是一个和他婚姻情况相关的心理和情绪问题，让理查德回去和妻子谈一谈，夫妻一起解决问题。理查德向妻子坦白了，妻子有些担心，但也表示理解。一段时间以内，幽灵的

---

① 魅魔（succubus）是欧洲及中东民间传说中的女性邪灵或超自然个体，常会在梦中以人类女性形式出现，是通过性交来勾引男人的恶魔。——译者注

夜间造访停止了，夫妻二人也开始了更有规律的性生活。但一天晚上，妻子忙于缝纫工作时，幽灵又来了——这一次变本加厉，比以往任何时候都要恶毒和具有侵犯性。这一次，幽灵直击另处，理查德强烈反抗，但无济于事。自从理查德在那晚被强迫肛交后，恶魔开始定期在夜晚出现并以此方式侵犯他。他又一次去找牧师，并且也告知了妻子和他的父母。牧师在理查德父母的催促下（理查德的父母深信这是邪灵作怪）找到了一个驱魔祷文，并为理查德做了祷告，就这样，情况缓解了一段时间。但现在妻子的父母从女儿那里得知了消息，也牵涉了进来。岳父岳母担心女儿的安全，认为理查德有心理问题，应该找精神科医师治疗。双方父母及理查德夫妇之间爆发了争吵，很快恶魔又现身了，对理查德进行了新一轮的侵犯。理查德现在害怕和妻子过性生活，因为他担心恶魔会在他与妻子性交时附在妻子的身上。最后，为了平息妻子（以及岳父岳母）的担忧，他决定寻求心理咨询。

理查德相当确信这一切都源于恶魔在背后搞鬼，但他也考虑过有可能是心理问题。他只想得到帮助，不再受到侵犯。

我对他说我不确定问题的本质到底是什么，可能是由超自然的因素导致的，也可能是别的原因。我的工作是找出有用的办法。几经讨论后，我们发现有四件事看起来能减少恶魔出现的可能性。

1. 与妻子过性生活。牧师之前向他保证过既然上帝已经认可了他与妻子结为连理，恶魔就不会在他们的性生活中附身，因此牧师建议他们要尽可能地常过性生活，不给恶魔靠近的机会（看吧，这名牧师很有智慧）。夫妻俩近来都遵照了牧师的建议，并且确实有效果。

2. 念驱魔祷文也起过一段时间的作用。

3. 把恶魔到访的事情告诉他的妻子和牧师也起到过作用——在他谈论此事后，当晚恶魔没有出现。我问他把事情告诉我会不会也有同样的效果，他认为有可能，因为我没有批评他，也没有胁迫他，他在告诉我后感觉少了一些内疚和恐惧。但与他的父母或岳父岳母讨论此事却一点帮助都没有。实际上，他的父母和岳父岳母介入得越多，恶魔到访得越频繁，且侵犯也越严重。

4. 一天晚上，当恶魔到访时，他从床上爬起来，（穿着衣服）跑到大街上，恶魔似乎并不能跟着他跑，也无法重返他的卧室。

当然，我们制订的计划加强了这四种有效行为的力度。很快，恶魔对这个年轻人的影响似乎减小了，夫妻二人也一致决定在他们和各自的父母之间划定更大距离。

理查德的问题是神经性的还是生化性的呢？我知道有精神病学和医学知识的读者看到这里会狂点头，或许这些读者是对的。是否是由鬼神引起的呢？我也知道一些读者认为我终于一语道破天机了。我还知道其他读者认为这就是精神问题或人际问题。

但在解决导向式方法中，我们并不将重点放在刨根究底查找问题原因上，我们的重点是找到能起作用的行动。这种方法可能发现药物治疗能起作用；这种方法发现祈祷的确在某种程度上起到了作用；这种方法帮助理查德加深了和妻子的关系，让这对夫妻与双方父母之间划定了更大距离；最近，这种方法又发现跑步能起作用。这是因为体育锻炼引发了大脑中化学物质改变吗？是因为分散了注意力吗？是因为出门呼吸到了新鲜空气吗？谁知道呢！理查德只知道他的状态越来越好，不再受恶魔侵扰了。除此以外，他也别无他求。

理查德在持续地接受心理治疗，当然，他还有其他问题有待解决，但他已经回到了正轨。我不敢想象如果他当时接受的是传统治疗，他的命运将归于何方。他可能现在已经成了一个长期的精神病患者，将希望寄托在服用只能起到部分作用的药物治疗上（恶魔可能还是会造访，只是次数少了些），他很可能已经与妻子离婚了。

在精神科医师和具有精神病学知识的人大骂我之前，我要在此先说明：我认为现代精神科药物为一些患者提供了极大的帮助，而当然，解决导向式方法也不必然在每个人身上都起作用。但在理查德的案例中，解决导向式方法确实起到了作用，并且把他从巨大的悲伤和将来会面临的问题中拯救了出来。如果解决导向式方法能够在这一严重的案例中发挥作用，那么毫无疑问这种方法值得一试，你只有试过才知道它能否帮助你解决问题。

(方法 4 总结)

自我反思，为什么问题没有恶化

利用你（一直都在使用却从未注意到）的本能（natural abilities）抑制问题朝着更严重的方向发展。

第二章中，我们谈到了打破问题的固有模式，这也是"打开问题之锁的第 2 把钥匙"所讲的内容。不过，"第 2 把钥匙"会把你引导到曾经起过作用但你却没注意、也没有定期使用的方法上，从而唤醒你的记忆，通过再次使用这些方法来打破问题的固有模式。接下来，在第二部分中，我将介绍解决导向式方法的另一个重要内容——改变你思考和看待问题的方式。

打开问题之锁的第 2 把钥匙：

找出并使用问题的"解决模式"

方法 1：自我反思，什么时候觉得问题即将出现，但却没有出现

不妨好好回忆一下这样的经历：某次自己预料问题会出现，但由于某种原因，问题却没有出现。找出这种情形，思考当时你采取了哪些与以往不同的行动。

方法 2：留意问题结束或开始结束时发生了什么

留意问题结束或开始结束时的情况，然后刻意实施一些之前做过的有益于结束问题的行动，但需要在问题情境中早一点实施这些行动。

方法 3：在能力背景内，从其他情形中借鉴问题解决模式

想一想你的爱好、专业知识或熟练技巧等，在这些让你感觉良好的事情中，有没有你了解或能做的一件事将有助于解决你正面对的问题？

方法 4：自我反思，为什么问题没有恶化

自我反思，深究问题未恶化的原因。

第二部分

改变看待问题的方式

最危险的事莫过于
你有且仅有一个想法

本书的这一部分将重点讲解另一种解决导向式方法——改变你的观点与关注点，以此带来转机。这一方法包含以下五点内容：

1. 理解、接受你的感受以及过往，但不要让它们决定你的行为。

2. 当身处问题情景时，转移关注点。

3. 将精力集中在将来的"己所欲"上，而不是当前或过往的"己所不欲"。

4. 向对你自身或处境无益的观点发起挑战。

5. 利用精神信念升华意志，超越难题，利用通常在你常规能力范围以外的资源。

第四章

坦然接受，创造可能
超越过去与感受

> 害怕是一回事，让害怕揪住你的尾巴，把你操
> 纵得团团转又是另一回事。
>
> ——凯瑟琳·佩特森（Katherine Paterson）

当生活陷入一潭死水时，我们通常就会一而再再而三地用老眼光看待事情，从而丢掉了应对问题的创造力。你的过往或感受会让你习惯于采用特定方式来应对当前问题，重获创造力的一个办法就是要对这种特定方式发出质疑，我将之称为"改变看待问题的方式"。你将在本章学到一个应对过去与感受的简单方法。

通常心理专家都会建议我们触碰自己的感受：跟着感受走或表达感受。而我要建议的是首先要接受你的感受，然后再决定是否依照感受行动，或是把它们表达出来。表达感受，有时有益，有时无益，而有时忽略或超越感受还更有益。

很久以前，寺庙有这样一个仪式，每一百年举行一次，佛教学生将在仪式中达到开悟。所有学生身着白袍站好队，喇嘛们和活佛排在学生前面。活佛会在仪式前发言：

"我们将在千魔殿举行百年一遇的仪式，以达到开悟。如果你不愿在今天参加仪式，就要再等一百年才有机会。我们会告诉你仪式的情况以便帮助你做决定。

"你推开门就能走进千魔殿。千魔殿并不大，一旦进去了，门就会在你身后关上。门背后没有把手，因此要出殿，你需要穿过大殿，在大殿另一侧找到门，门没锁，只要打开门就能走出来，然后你就开悟了。

"这个殿叫千魔殿，是因为里面有一千个魔鬼，他们能幻化成你最大的恐惧。如果你恐高，当你进入殿内，殿内的景象就会幻化成你站在一个很高的建筑物屋顶的细窄独木上；如果你怕蜘蛛，就会发现你的周遭全是恐怖得让人无法想象的八脚蜘蛛怪……不管你的恐惧为何，魔鬼都能把它逼真地幻化出来。事实上，这些幻化的恐惧逼真到会让人忘了它们只是幻象。

"我们不会进殿拯救你们，这是规定。一旦你进入千魔殿，就必须依靠自己走出来。有些人进去了就没能出来。他们进入千魔殿后，因恐惧而瘫倒在地，他们被困在殿中直到死去。如果你决定冒险进殿，这是可以的；如果你不愿进殿，想回家，也是可以的。你不是非得现在进殿，你可以再等一百年，来世再来尝试。

"如果你们打算进殿，在此给你们两个提示。第一，进入千魔殿后，记住眼前的一切都不是真的，一切都只存在于你的想象中，不要信，要记住一切都是幻象。当然，在你们之前进殿的大多数人都忘了这一点，因为这一点太难牢记了。最终从殿里走出来也开悟了的人都认为第二个提示更有用，即一旦你进入殿里，不管你看到什么，摸到什么，听到什么，都不能停下脚步。如果你不停地走，最终就会走到大殿另一侧，找到门并出殿。"

打开问题之锁的第 3 把钥匙：

接受你的感受和过往，不要让其决定你现在或将来的行动

你可能已经注意到这种方法并不那么重视过往，方法中没有提及进行任何心理疏导或心理讨论来解决你的幼年创伤，或承认你患有某种成人婴儿综合征。解决导向式方法首要重视的是现在和将来，因为转机只会发生在现在和将来。你可能也注意到这种方法并不是那么注重应对感受或表达感受，而是更注重行动和看法。反复提及过去和感受也许能解决你的问题，但通常这样做只会让你陷入无止境的自我剖析中。

不过，虽然解决导向疗法关注改变问题"常态"与看待方式，并且聚焦于现在和未来，但这不意味着不去处理你的过去和感受——只要把它们放在合适的位置上。

坦然接受　方法 1：
坦然接受你的经历、感受和自我

通过坦然接受经历、感受和自我这些生命要素，我们能对它们保持理性认识。认同和接受有着巨大的力量。多年前有位叫卡尔·罗杰斯（Carl Rogers）的心理学家发展出了一套治疗方法，就是基于这一巨大的力量。使用这一简单方法可以让你免于经受几个月的心理治疗，仅仅是认同和接受一切内在感受，以及真实的自己。"认同"是指注意到已成定局之事并允许事情已成定局，要顺其自然，而不是试图将之清除或隐藏，对其过多分析或评判。不要总想着为它做些什么，只是让它存在，并觉察到它的存在。无论你有着怎样的幻想、感想、感受、感情或看法，如其所是地接受它们。你不必强行喜欢它们，只接受它们发生在当下你的身上。无论你的本性如何，都请接纳自身此时所处的状态。

心理治疗领域的一句老话恰到好处地概括了这种疗法的原理：你必须知晓自己身处何方，才能走向你想去的地方。如果你抗拒或否认你的境遇和本性，你就很难朝着你想要的目标前行。

想象一下你身处一个放满家具的房间，如果不接受你周围的情况或自我欺骗否认周围的情况，你必将在设法走出房间时因撞到很多意料之外的障碍而憋出一肚子火；如果你接受了周围的情况，你可能还是会碰到障碍，但你会预判障碍的位置并采取措施避开障碍。

不接受自身的境遇还会导致另一个结果，即你可能长久陷入某些感受或回忆中。而如果你不抗拒所处的境遇，或虽心有不甘但还是理性地接受了，你会发现这些感受或回忆就可能只是暂时性的。

曾经有一名访客怒气冲冲地来到我的办公室。当我问他遇到了什么问题时，他非常诚挚又绝望地回答说："我是个潜在的同性恋！"我不喜欢这种弗洛伊德式的自我标签，因此我也很诚挚地告诉他："你是潜在的很多事物——潜在的狗、潜在的美国总统。到底发生了什么让你觉得你是同性恋？"这位男士谈到近来他在与妻子过性生活时总会对裸体的男人产生些许幻想。这些幻想日益加剧，直到完全占据了他的思想。他担心自己正在变成同性恋。我问他是否想开始过同性恋的生活，他坚定地表示即使从内心上来讲，他担心自己可能会把这些幻想付诸实践，但还是想先寻求帮助，因为就现在来说他并不想那样做。我告诉他如果他决定改变性取向，我会帮他接受同性恋的身份，但到目前为止，我没有得出确切讯息表明他是同性恋。

　　这位男士感到很惊愕。他问道："那我为什么会有这些幻想呢？"我解释道："幻想和实际行动是大有不同的。或许这些幻想只是你内心深处真实欲望的一个信号，但也可能只是随机的幻想。"我对他说："我很怀疑起初这种幻想出现得并不频繁，但当你越努力尝试清除，这些幻想反而出现得越强烈、越频繁。"他承认事实确实如我所言。于是我建议实施一个试验：每次他开始和妻子过性生活，以及白天任何一刻空闲时，他就尝试释放对这些裸体男人的幻想。经过一周不懈地练习，这位男士发现他越是鼓励自己幻想，幻想出现的次数就越少。

　　这个案例与我接待的另一位来访者的案例形成了对比。这位来访者的父母听到他严肃地谈起自杀，力劝他去做心理咨询，他由此来到了我的办公室。几次咨询过后，他非常紧张并试探性地告诉我，他爱慕男性已经有段时间了。我把常说的关于"接受和认可自己的感想、感受和欲望"的话对他说了一遍。在下一次咨询中，他告诉我（上次咨询过后）他回到家仔细思考了我所说的话，对他而言一切都变得再清晰不过了，尽管多年来他都在尝试喜欢女性，但他还是办不到。他一直以来都很担心家人不能接受他是同性恋这个事实，这种矛盾折磨得他差一点就自杀了。我们此次的心理咨询先从自我接纳开始，然后讨论到在这件事上他要如何应对家人和他人，最后，他决定有选择地先告诉他认为能较好接受的家人。到家里的其他人知道这个事情时，他已经更能接受自己的性取向了，因此也更能应对家人的反应。他就这样化解了自杀的冲动。

在这两个案例中，仅仅采取"接受"这一简单的心理行动就解决了问题。"接受"的力量也会延伸到身体上。几年前，我在讲授一节帮助人们戒除波动性饮食习惯的课程，课程中有部分内容是让人们接受当前的体形，而不是等到减重后才感觉舒心。一名听课的学生说她对我说的这句话有亲身体会。她最近浏览了自己的一本剪贴簿，里面有一张自己五年前的照片。她看着照片，发现很喜欢自己那时的状态和体重，她那时比现在轻了约十五磅（约七公斤）。她当时想如果能恢复到那时的体重，她就会对自己的身材很有信心。然后她记起了照片的拍摄地点和时间，以及当时她是何等厌烦自己的身材。在那一刻她意识到，接纳此时此刻的自我才更重要，否则，五年后她再回头看自己，想法还会和现在一样。由于她会吃更多东西来缓解身材带来的压抑感，所以不接纳自身反而是她不断增重的一个关键原因。

我希望这些示例能够展示"接受"的巨大力量。接受和承认自身以及现实境遇，这包括接受和承认你的感受、感想、观点，以及你当前的身材。

方法 1 总结

坦然接受你的经历、感受和自我

这是指不带批判地接受你的感受、感觉、想法、你的身体以及自我。

坦然接受 方法 2：
接纳他人的感受和观点

在做婚姻咨询时，我听到夫妻之间最多的一句抱怨是："你都没有听我说话！"这句话引出了接纳力量的另一个方面：接纳他人的经历，以及他们对自身的见解。

很多时候，一段关系出现问题，根本原因是争论"谁对谁错"。夫妻间花了太多时间与精力争论谁对谁错，而不是一起解决他们面临的问题。有个好方法——区分"个人理解"和"公开的事实"——能让人绕开这个问题。"个人理解"是指你内心的想法，具体是指你的经验和你对自己的看法，这是很私人的，因为除非你通过言语或行动让他人知道，他人是无从知晓的，因此一个放之四海而皆准的方法就是，回避争论他人的个人理解（观点、感受、感想等）是对还是错，你只需要接受就好了。你可以用类似的话语表达"当我说我很孤独的时候，你认为我在批评你"或"你想让我给你打电话，我没打，所以你很生气"。说这些话时你并不是在认同他们，也不意味着承认他占了全部的理，你只是说出了他的某种感受和观点，表示你听到了他说的话，也理解他有权有那样的感受。

"公开的事实"则是另一回事。它们基于观察，是你和他人通过视觉、味觉、嗅觉、听觉和触觉得出的观察结果，这是一个可以争论对错的领域（我们将在第九章中更详细地讨论）。

针对他人的核心自我，我的建议是应该理解，而不是试图评判、改变或分析。曾经一对夫妇在进行心理咨询时，男方突然冒了火，对女方和我说："你们两个都在试图改变我，我是不会做任何改变的！"我碰巧很欣赏男方，虽然他可能挺让人讨厌的，因此，我说道："没有啊，我发现你让人讨厌的同时又带着点可爱，我并不想改变这一点。我们讨论的是让你换一种说话方式，并和你的妻子一起做一点不同于往常的事情，好让你们的婚姻关系变得更好。我并没有尝试改变你的自我，我只是在尝试改变你做某些事情的方式。"听到这样的保证，他放松了下来，并重新加入了讨论中。

我对我妻子说过："如果你想看到我最小气、最戒备的样子，只需要让我感觉到你认为我本质上是个坏人，或你尝试改变我的自我。"如果她想改变我做事或说话的方式，我会愿意一试，但她决不能尝试改变我的核心自我。

几年前，几位家庭心理咨询师观看了一档新闻节目，节目里，堕胎辩论中的支持者和反对者隔着护栏向彼此大声叫喊。这几位咨询师突然意识到正反方当时的情况很像家庭咨询中家庭成员的样子。这些家庭成员在咨询中观点都很极端，通常大声喊叫的多，仔细聆听的少。家庭咨询在某种程度上，就是把生气疏远的人叫来坐到同一个房间里，然后让他们相互尊重，设身处地地理解对方的一门艺术。通常，在这种情况下，我们心理咨询师才能帮助这些家庭解决他们咨询的问题。

这几位咨询师决定组织一个项目：把堕胎辩论的"正反方"召集起来，进行一场相互尊重的对话。对话的情况很有意思：当他们开始倾听对方的发言时，都发现双方持有的共同点超过了自己的想象（例如，双方都想避免把没人要的小孩带到世上）；他们还发现，当有机会在非对抗性的氛围中探讨和对话时，他们中的大多数人都对堕胎这个话题有着更为复杂的见解，而不是像起初那样只有二选一的观点（如一些"反对堕胎"的人不情不愿地承认在某些情况下他们也会支持堕胎，而一些"支持堕胎"的人也承认在某些情况下，堕胎是不应被支持的）。当他们接受了以下两个可能性，即"对方"的观点并不必然全是坏的或邪恶的，而且看待这一问题不止有这两种完全对立的观点，双方就可以着手研究可能的解决方案了（如更好的孕前护理、更好的领养服务和寄养照顾）。这个案例说明了接纳和包容能够给社会问题带来一些改变。当然本书更关注的是个人问题，而不是社会问题，但学会接纳自身以及亲密伴侣的个人，也做好了在团体、国家和文化问题中取得类似突破的准备。

方法 2 总结

接纳他人的感受和观点

不要赞同或评判他人的感受或观点，你只需要让他人知道你听到并接受他们的个人经历就好了。

坦然接受　方法 3：
接受事实以及过往对你产生的影响，
但不要让它们决定你的现在或将来

即便解决导向式疗法注重的是现在和将来，但也认可一个人的过往在他/她生活中起到的重要作用。你的经历背景在塑造今日的你的过程中发挥了重大作用，但在此要提到一个关键点：虽然你的过往会对你产生影响，但从现在开始你要采取怎样的行动并不需要由过往来决定。

我熟识的一位精神科医师史蒂夫·沃林（Steve Wolin）曾给我讲过一个故事。他擅长为受酗酒影响的家庭和孩子提供咨询。有一天，一个年轻人来寻求帮助。这个年轻人十六岁，是被女朋友的父母带来找史蒂夫的，他女朋友的父母还为他支付了咨询费用。这个年轻人在一个破碎的家庭里长大，他的父母吸毒酗酒，长期忽视家里的四个孩子，四个小孩吃不饱穿不暖，没有得到足够的照顾。应该可以想象，他们一家的生活在那段日子里是多么混乱。他女朋友的父母听说了他的家庭情况，就把他接到家里一起生活。

当史蒂夫感叹这个年轻人是多么幸运，他女朋友的父母多么有善心时，这个年轻人随口说道这并非偶然，他已经交往过几任女朋友，才遇见这一位，她的父母喜欢他并愿意帮助他。放学后他还得工作赚钱帮助与他父母生活在一起的弟弟妹妹们。史蒂夫对这个年轻人的韧性惊叹不已，于是他开始研究生活环境艰难却坚强生活的其他孩子，他找到了很多其他的例子。

我在此要说明的重点是，你的过往并不能决定你的将来——这不是说我们不会受到过往的影响，我们的身上总会带有过往的影子，但我们的命运不是天定的，或者说我们的命运轨迹不是仅由基因或生活背景所决定的。我要在此再次强调，接受过往生活中的艰难困苦、伤痛烦扰很重要，但不要让这些过往操控你的未来。

（ 方法 3 总结 ）

接受事实以及过往对你产生的影响，
但不要让它们决定你的现在或将来

我们必然会受到过往的影响，但我们并非必须得让过往执笔书写我们的未来，或让过往以某种方式影响我们的现在。通过理解和接受过去发生的事，我们就可以面对过去，而不让它主宰我们的现在或未来。

坦然接受的四个步骤

以上几个具体案例向你展示了"坦然接受过往"能催化改变，现在我们来一步步讲解坦然接受的步骤。不管是个人问题还是社会问题，要坦然接受，需要有四个层面：（1）接受事实；（2）包涵容纳；（3）找出价值；（4）敞怀迎接。

步骤 1：接受事实

首先，你需要留意你有哪些尚待接受的事实：一种感受、一个想法、另一个人或一种社会不公。根据情况，留意到这件事。我把这一步骤称为"接受事实"。

我曾听说过有人通过接受事实这一方法改掉了常给他带来麻烦的坏脾气。有一天，他开着车赶去一个已经迟到的商务会谈，他感觉到车胎漏气了，于是停了车，下车查看车胎，自己也开始怒火直冒。他想着：为什么车胎非得现在漏气？我都已经迟到了！但他记起了接受事实这个方法，于是他让自己冷静下来并在心里对自己说：我迟到了，我的车胎漏气了。接着他打开后备厢准备拿出千斤顶和备胎，正在此时，下起了雨，他在心里对自己说："我迟到了，车胎漏气了，现在还下雨了。"想着想着，他突然大笑了起来。他意识到怒火并不能帮他把车胎换了，也不能改变他已经迟到的事实，因此他还是接受事实，自己动手换车胎为好。

他本来可能会直接发怒或沮丧，但接受事实或许才是走出问题最好的一步。

步骤 2：包涵容纳

接下来这一步，是"为任何已经存在的事物预留空间"，或"包容任何已经存在的事物"。"三 K 党"（Ku Klux Klan）知道黑人或天主教徒生活在我们的社会里，但却不给他们留出生活空间，容不下他们；基督教"宗教激进主义者"认为非基督教信仰的人或无信仰的人都是有过错的坏人；美国公民自由联盟（ACLU）认为禁止烧毁国旗的人或禁止在学校祈祷的人都是邪恶的。"那些人"被认为是不同于己的坏人，不能被归入自己所在的群体。

回到个人层面上，你或许知道你有时会很生气，但你不想让怒气成为生活的一部分，因此你就没有给怒气留一席之地。但如果你不接纳怒气，要么会错失能在某些时候对你有帮助的部分重要经历，要么由于缺乏掌控怒火的经验，你会在某些场合不合时宜地勃然大怒。

对抗排外的办法就是"包涵容纳"。包涵容纳各种感受，包涵容纳不同于你的其他人，包涵容纳你的内在矛盾，以及你之前没有为之预留过空间的其他事情。谨记，包涵容纳并不意味着赞成，它只是让你正确合理地接受真实的感受、感想、他人或各种状况的存在。

步骤3：找出价值

预留空间后，再进一步就是找出某事或某人的价值。"企业平权行动计划"认识到招聘和升职中存在不平等的现象，因此在就业中为少数族裔和妇女预留了空间；"多元性项目"在实际中很重视不同种族和性别所做的贡献。当你开始重视你的情感，包括怒火、忧伤和其他所谓的负面情绪时，你就已经上升到了"找出价值"这一层面。你可以在其中找到可取之处，找出其在你生活中所做的贡献。

步骤4：敞怀迎接

接下来就是敞开怀抱拥抱某事或某人，把他们融入到你的生活中来。作家赫尔曼·黑塞（Herman Hesse）曾说过要"热爱你的遭遇，不要抗拒，不要逃避，伤害你的只有你的反感，别无其他"。"敞怀迎接"包含迎接走进你生活中的各种感受、经历或观点。这一步稍微超越了接受事实、包涵容纳以及找出价值。你实际上是愉悦地迎向了你生活里的方方面面，曾经它们一直让你畏惧和回避。如今，你可以正面应对失败，因为没有失败就得不到新体会，没有失败就不会成功。也不再惧怕落泪，因为眼泪让你知道你还坚强地活着。

坦然接受的四个步骤

步骤 1：接受事实

让自己或他人留意某些感受、观点或人。

步骤 2：包涵容纳

为某些感受、观点或人留出空间。

步骤 3：找出价值

理解到某些感受、观点或人的价值。

步骤 4：敞怀迎接

迎接某些感受、观点或人。

坦然接受和承担己责

对于坦然接受还得在此提一点：你的经历并不必然能左右你对待生活的态度。有些人认为他们若有了某种感受或某种幻想，这种感受或幻想就决定了他们的本性，或会促使他们采取行动。如果我任由我的感受摆布，我就永远写不完这本书；如果我任由生活中任一段经历操纵，我就无法接纳其他阶段的经历。打比方说，我要驾船横跨大洋，我生活中各个阶段的不同经历是我的船员，假如一个船员想回家了就突然抢占了船舵，另一个船员在附近的岛上有相识的友人，所以他把船舵从第一个船员手里抢了过来。这艘船杂乱无章的航线就很像我认识的一些人的人生轨迹，不停地变换方向，永远无法达成目标，无法抵达目的地。经历犹如性能良好的罗盘，但却是能力不足的船长；感受是个好导师，但却不是好主人。坦然接受你的经历和感受，但不要让其支配你的行为，或阻碍你决心前行的方向。

我的朋友杰里想跑一场马拉松，他坚持跑步也有一段时间了，但还没跑过马拉松。他对跑步这项运动有足够的理解，因此他知道马拉松是一场极其磨炼人意志的比赛，要是他不进行训练，不逐步增加路程来强化体能的话，他会在跑的过程中严重受伤。但他也发现自己一次又一次地脱离了训练安排。最后他来找我寻求帮助。

我让他描述一下他是怎么脱离训练计划的。他说随着训练计划中的路程加长，任务逐渐加重，他就会在早上起床应该去跑步的时候开始和自己作斗争。闹钟响了，他仍然感觉很劳累，他大脑里就响起一个声音说："你再睡三十分钟还是能好好完成今天的跑步训练。"或这个声音也会说："这太可笑了。你这次去跑马拉松完全是自尊心作祟。"或说："今天早上外面很冷，或许你应该跳过今天的训练，明天多跑点就行了。"有时杰里的理智会战胜这个声音，他会起床并出门跑步，但大多时候脑中的这个声音占了上风，他就干脆继续躺在床上。有意思的是，他告诉我他总是能准时起床去小跑一阵。我问他是怎么做到的，他回答说他从没有质疑过他小跑的习惯，他自然而然就起床开跑了。

这给了我启发，我把这点用在了给他做的计划中。杰里要在月初就下定决心开启一整个月的马拉松训练计划，除非带伤训练会给他造成伤害，这样他就不用在早上为跑步而内心挣扎。他只需要在下个月初考虑好一点，就是是否要把跑步调整到晚间进行，这样他就能理性地决定跑一场马拉松的目标，以及他所付出的努力是否仍然值得。与此同时，每天早上当闹钟响起时，他不用再与大脑中的声音探讨是否该起床，或与自己的感受做抗争。

当他跑完马拉松，我与他坐在终点线边上时，杰里告诉了我计划中发生效用的关键。在我与他制订好计划后的第一个早上，当闹钟响起时，像往常一样，他大脑中又开始了一场不可抗拒的争辩，那个声音对他讲着他应该继续躺床上睡觉的原因，并且他也很想躺着继续睡觉。他一边听着这个声音，一边把双腿甩到床沿穿上运动服。当他走到家门口时，脑中的声音开始讨价还价："好吧，如果你现在回去再睡十五分钟，你明天早上早起十五分钟补上就行了，我就不再抱怨了。"杰里打开门走了出去，开始拉伸。当他跑起来时，脑中的那个声音逐渐消失了。每天早上这个过程他都要经历一遍，以往他错在让这个声音和他的感受肆意主导他的行动，现在他只是接受了这个声音和他的感受，但不再被它们主导，而是做对他有益的事情。

练习坦然接受

我在此分享几个小练习，能帮你锻炼坦然接受的能力。既然这本书是关于解决问题和做出改变的，按照这里的建议采取行动是很重要的。当然，或许没有采用以下练习的方法，你也可以用自己的方式将这些概念融入你的生活中。因此，在进入下文前，我想说明的是，如果你没有做这些练习，也不必怀有一丝内疚感。

坦然接受 练习1：
发掘你的脆弱感受并给予表露的机会

检视你的经历，找出以前你自己不曾接受的事情，比如一段往事、你的身材或核心自我。找到后，扪心自问，为了给它留出空间、找出其价值并敞开怀抱接纳它，你是自己就能接受它，还是需要向他人吐露心声才能接纳它。

如果实在想不出任何事情，我建议在以下方面找找看。如果你是一位男士，尝试往恐惧或其他"脆弱"情感的方向找找，比如悲伤或软弱。我们男性受到的教导是不能恐惧、忧伤或软弱，因此这些情感通常不被男性所接受。如果你是一位女士，尝试检省对自己身体的看法。你们当中有多少人愿意在一群熟人面前说出体重或衣服的尺码？当然我并不是说你应该这样做，只是想让你检省一下你是否对自己的身体感到羞愧或不认同。如果是的话，请接受它，至少你自己得接受，或许你也会向他人袒露心怀。

接下来，做一些事情来证明你可以为它们留出空间——无论你身处何方或者状态如何，都可以包涵包容它们。例如，如果通常你很少提及自己的恐惧感，那就花点时间在会让你恐惧的事情上，然后全身心地体验恐惧。

一位男士就这样体验了一把恐惧，他告诉他的伴侣，每次他俩吵架时，他就很害怕她会离他而去。她感到很惊讶，因为吵架时她听到的全是对方的怒火，从未瞧见过他恐惧，也从未猜想过他会害怕。在这之后，再发生争吵，她都会以一个全新的角度看待他。有一次当他俩对话过激时，她伸出手来抚慰他，这时他的情绪立即就缓和下来了，他俩之间的争议也解决了。

一位女士告诉我在进行了这个练习后，她立马跑出门买了三套全新的职业装。她穿着两套款式相同、不合身还磨毛边的衣服上班已经有段时间了，她在等着减了肥恢复到她"真实"的体重后再买新衣服。当她买到了适合她当下身材的衣服那刻，她对自身的感觉就稍微好了一点，并且还减掉了一点体重。因此，绝不要低估坦然接受带来的力量。

坦然接受 练习 2：
将感受抽离出行动，打破强迫行为和成瘾问题

为了介绍这一练习方法，我要先讲一个小故事。我曾经

读过一篇评论文章，是某一本新闻周刊的读者写的，被刊印在"我的转变"（"My Turn"）专题中，这篇文章的题目好像是《加油吧，胖子们》（"Come On, Fatties"），题目不是很友好，但我很好奇作者将在文章中如何论证这一粗鲁的题目，于是我就读了下去。作者叙述了他是如何从小就超重的，并且尝试了所有能找到的节食方法。这些节食方法效果各有不同，有效期也各有不同，因此最终他减掉的体重又长回来了，有时甚至反弹得更多。尽管有时候他吃东西显然不是因为饥饿，但他不吃东西时，焦虑就会充斥全身。其他人成功解决体重问题的方法在他身上都失效了，因此他对这些方法灰了心，于是决定尝试他自己的方法：下一次当他感到焦虑时，他就会什么都不做，只是静静地坐着，直到焦虑感消退。他第一次采取这种方法时，在紧张恐惧的情绪下静坐了四五个小时，他自己也不知道到底因何感到恐惧和焦虑，这种焦虑和恐惧来源不明，却肆意弥漫。他抗拒着进食的念头，也拒绝做其他事情来脱离挣扎，最终焦虑和恐惧都平息了，他发现焦虑过去后自己也没有了大吃大喝的欲望。在那之后，他每次都是静坐体验自己的焦虑，而不再通过进食来回避。他的强迫性进食的症状减轻了，他减轻了体重，也保持了体重不反弹。至此他深信所有超重的人都在用"我的新陈代谢慢"或"这都是基因决定的，是天生的，体重是无法大范围改变的"等说辞来为自己的体重问题找理由。虽然我认为他以自己的经验直接概括整个超重群体是毫无根据的，但我可以以他的故事作为基础，引出我要在此讲解的练习方法。

着重关注导致你生活不如意的某一强迫行为或成瘾问题。你的强迫行为或成瘾问题可以是食物、药物、酒，或咬指甲、抠脸等任何让你感觉带有强迫性的、不利于你自身的行为。当这种强迫性的麻烦行为出现苗头时，你只需要让自己注意和体验随之而来的情绪、想法、幻想或冲动，不要采取任何行动来抑制它们。

打开问题之锁的第 3 把钥匙：

接受你的感受和过往，不要让其决定

你现在或将来的行动

方法 1： 坦然接受你的经历、感受和自我

方法 2： 接纳他人的感受和观点

方法 3： 接受事实以及过往对你产生的影响，但不要让它们决定你的现在或将来

超越积极思维

在"坦然接受"和"可能性"之间寻求平衡

当我在教授解决导向式方法时，有时会有人在课间时分走上前来，告诉我因为这种方法很正面，他们真的很喜欢。

我听到这种反馈有点震惊，我明白他们的意思——传统疗法有时很负面，让人灰心丧气。但我担心的是，人们认为要创造更美好的生活，只需要"正面思考"就够了，这会导致我们轻视所面对的真实问题。对我而言，"正面思考"就像一种把眼前镀了一层金的粪便称为金子的行为一般。短时间看起来很美好，但如果你戳破了镀金层，在这层美好的外表下找到的还是一团粪。当然，负面思考——把所有事情都看作一团粪并且认为无人能做出改变，也同样不利。在我们的方法里，理解、接受问题，以及尽你所能改变状况具有同等的重要性（比如把粪用来堆肥，或清理掉，或把粪用在其他能发挥效用的地方）。与"正面思考"的不同之处在于，这种方法要求接受问题和障碍以求改变，与此同时也要接受改变的可能性。得两方面都同时接受，不然就会陷入负面又痛苦的思维里不能自拔，或当不现实的空想计划出错时被惊得措手不及。

第五章

越在意，越受累
转移注意力

你能给别人最好的礼物就是发自内心的关注。

——理查德·莫斯 医学博士

（Richard Moss M. D.）

要想改变你对问题的看法，有一个简单强效的方法可以帮助你：只需转移你在问题情境中的注意力。

我的老师——精神病学家米尔顿·艾瑞克森在做催眠治疗的过程中发现，转移注意力是解决问题的一个强有力的方法。他会让承受慢性疼痛（如关节炎）的人在催眠状态中把注意力转移到没有疼痛的身体部位上（或许在当时，其他的关节都很疼，但左脚大脚趾不疼）。在催眠暗示中，艾瑞克森能让人将注意力聚焦到更舒适的体会中去。在本章中，我们将把转移注意力的原则用到你的情况中，无须采用催眠法。

一天，艾瑞克森的儿子罗伯特在自家门外的人行道上摔了一跤，艾瑞克森和妻子听到罗伯特疼痛和恐惧的哭声后到达了现场，发现他划破了嘴巴，流了好大一摊血。艾瑞克森立即说道："罗伯特，（受伤）很疼，真的很疼，太疼了。我在想伤口到底什么时候才会不疼。现在你很疼，确实疼。什么时候才不疼呀？"这句话引起了罗伯特的注意，一开始他只是注意到了疼，但现在他也想知道伤口什么时候会不疼，而他在开始思考的时候就止住了哭。于是，他的父母把他带到了卫生间，准备清洗他嘴上的伤口，查看是否需要缝针。当血从罗伯特嘴上的伤口流到洗手池里时，艾瑞克森对他的妻子说："老婆，快看这鲜血，多么鲜红和健康啊！这些鲜红健康的血液会把伤口清洗得很干净。看这血液的颜色多新鲜啊！"当然，罗伯特也看着自己流下的鲜血，但他的思维并没有被疼痛和恐惧占据，反而着迷地注视着这"鲜红健康的血液"。待清理好后夫妻俩看清了伤口——很明显需要缝针。因此艾瑞克森开始告诉罗伯特他的伤口需要缝针，并提醒罗伯特去年他的哥哥受伤时也缝了针："我在想你会不会赢得这场缝针比赛呢？罗伯特，你的伤口的缝针数要是比你哥哥多的话，你就赢了。他当时缝了六针，所以你只要缝七针就能赢过他。"当他们抵达急诊科时，主治医生禁不住赞叹这个小男孩能如此安静地坐着让他清理和缝合伤口。整个过程中罗伯特只在医生完成缝合后问了一句："我的伤口缝了多少针？""九针。"医生说。他听后，一个斜着嘴的笑容从他受伤的嘴上蔓延出来。转移注意力就是具有如此巨大的威力。

打开问题之锁的第 4 把钥匙：
转移注意力

你注意力聚焦的事物会在意识里和生活中不断被加强和放大。

你遇到问题，通常是由于你一次又一次地把注意力放在了同样的事上。要解决问题，你得转移你在问题情景中的注意力。要做到这一点，你需要扪心自问：在这个问题出现时，我的注意力一直用在哪一点上了？我关注的哪一点是毫无益处的？然后找到问题中可以关注的其他方面，并把注意力集中在这方面。

实际上，这本书的全部内容都是在建议你把放在分析、解释和问题本身上的注意力转移到采取对解决问题有帮助的行动上。我们的文化是问题导向式的，我们认为问题的发生是因为过去和既定事实引起 / 决定的，但只要你做或者想一些不一样的，事情就会发生改变。如果你把关注点从问题上转移到解决方法上，事情能更快地发生改变。

如何使用这把钥匙来解决问题呢？请见下文讲述的几种方法。

转移注意力 方法 1：
转换接收信息的感官

通常一个最简单的转移方式就是转换感官（视觉、听觉、嗅觉、味觉和触觉）来一场不同的体验。从视觉转换成听觉，或从听觉转换成触觉。如争吵时，闭上双眼，认真听你的伴侣说的话。

我有个访客曾经会先暴食再呕吐。在咨询的过程中，我和她一起找出她强迫性进食的触发点之一，是参加提供食物的聚会活动。她会第一眼就注意到食物，然后被食物吸引过去。尽管她在心中默默起誓不吃任何含脂肪的食物，但最终整个聚会她都在强迫性进食。在回家的路上，她会愧疚到失控，从而买更多的食物并一路暴食。到家时，她的胃里因塞满了食物而极度难受，她又担心会因暴食而体重大增，于是就会设法让自己呕吐。

她是一个性格外向又爱社交的人，因此我建议她下次参与聚会的时候，把焦点放在到场的三个人的脸上。她要挑选出三个最友好的人，然后向他们介绍自己。之后，她才能随心所欲地吃。当然，在之后的聚会中她再也没机会靠近放着食物的桌子，因为她转换了接收信息的感官，她总是会遇到一些有趣的人，她沉浸在与他们的对话里，注意力就从食物转移到了人身上。

方法 1 总结

转换接收信息的感官

　　将你从外界接收信息的一种方式（如视觉、听觉、触觉、味觉或嗅觉）转换成另一种，从而转移注意力。

转移注意力 方法 2：
扩展你的关注点

　　如果有段回忆反复闪现让你深受折磨，你要尝试"扩展这段回忆"，而不是试图清除这段回忆，即要回忆事件前后所发生的事情，包括事件的发生地，注意有哪些事情不在你之前的关注重心里。

　　我曾为一个害怕乘飞机的男士做过心理咨询。他的飞行恐惧源于一场冬季风雪中的飞行经历，当时他乘坐的航班经历了一次令人恐慌的艰难航行：飞机遭遇湍流，在下着雪的空中剧烈摇晃。这位男士当时深信飞机会坠毁。自那次经历之后，他就非常惧怕搭乘飞机。但偶尔出于工作需要，他不得不搭乘飞机。如果做好了计划，他会在出行前几周就开始腹泻，会在乘坐航班前和航班上惊恐不已。

　　我和他在为此寻找解决方法时，他向我讲述了每次他想到飞行时脑海里一次又一次重现的情景。他会想起自己在经受着风雪天气的航班上感到阵阵惊恐，他旁边的女士注意到了他的恐慌，尝试让他镇静下来，但两人交谈几分钟后，他开始说服这位女士相信飞机要坠毁了，因此这位女士也开始恐慌起来，坐在她另一边的丈夫不得不开始安抚她。因此，他当时不仅感到惧怕，还因为吓到了尝试帮助他的这位友善的女士而感到愧疚。他的恐慌和愧疚、他紧紧抓住扶手的双手和当时的想法（"我绝不可能活着走出这架飞机！"）都历历在目。每次想到飞行，他脑海里立马就会出现这一恐怖的情景。

当我们谈及这次可怕的飞行事件的更多细节时，他惊讶地发现他开始记起了其他一些事情。他记得过道对面的一个人平静地看着书，和他相隔几个座位的过道对面，有个人全程都在睡觉。我们继续讨论着，他讲述了飞机最终是如何着陆的，他是如何起身走下飞机的，他庆幸自己还活着。当记起这一部分时，他的脸上露出了惊奇的神色，大叫道："我居然活着走下了那架飞机！"此后，只要他因乘机出行而开始恐慌，他就会有意地将他的注意力从最恐怖的那段记忆，转移到他走下飞机的那段记忆上。这足以减缓他的恐惧，使他能够相对轻松地乘机出行，尤其是几次飞行后，他就能够更轻松和舒心地接受乘机出行了。

一位尝试减肥的女士被要求去超市看看她能记住多少新食品。她去了趟超市后，惊讶于居然有那么多新种类是她之前从没有注意到的，因为她通常每次去超市都购买同样的食品。在发现有那么多新的食品种类后，她决定通过尝新，而不是暴饮暴食，来满足对食物的兴趣。这样，她既能享用食物，又能降低体重，还不用限制食物摄入量。

扩展你的关注点

不要像往常一样把自己局限在狭隘的关注点上，拓宽你的视野，搜寻你之前在同样的情境中不曾留意的方面。

转移注意力 方法 3：
将你的关注点从过去转移到现在

另一位访客讲述说，当她与自己的丈夫过性生活时，她被父亲性侵的记忆就会侵扰她。这些闪回的童年记忆已经严重到了影响夫妻性生活，因此双方都感到十分不快。但解决问题的方法最终却异常简单。这对夫妻之前在过性生活时似乎总是关着灯，因此我建议每当妻子开始想起性侵的经历时，他们就把灯打开，这时她就要看着她的丈夫并抚摸他的脸，然后丈夫和她说几句话。这种方法帮助她把注意力从过去的可怕回忆中转移到了现在，转移到了从来没有粗鲁对待过她的丈夫身上。她转移了注意力后，两人才能继续，不管开着灯还是关着灯，只要妻子的记忆再次闪回，就停下来重新转移妻子的注意力。在练习了这种方法几次后，回忆侵扰的次数越来越少，夫妻之间的性生活也得到了改善。

方法 3 总结

将你的关注点从过去转移到现在

不要把注意力放在已经发生的往事上，而要放在当下正在发生的事情上。

转移注意力 方法4：
将你的关注点从现在／过去转移到将来

第六章会对此方法有专门的讲解，因此，我仅在此快速地讲述一个案例。

我的一位访客对前男友很迷恋，即使前男友对她动粗，并且有吸毒的危险行为导致她提出了分手，她仍然认为她与前男友的这段感情是她经历过的最好的一段，之后再也找不到这么好的感情了。在她的生活中，她与其他男性之间也有类似的粗暴又危险的交往关系。我们讨论到如果她打破了结交危险男性的模式，她会得到怎样的感情。随着我们越来越深入地讨论，她开始对那位达到她假定要求的未来伴侣很感兴趣。我们谈到了她需要采取的步骤，她同意首先是要注意到以前她想都不想就否定的男士，因为这些人以前都"不是她的菜"。她决定开始与第一眼并没有吸引她的男士约会，因为只有逐渐了解他们后，才能知道他们是否能给她带来想要的感情。

> **方法 4 总结**
>
> ### 将你的关注点从现在 / 过去转移到将来
>
> 将关注点放在你想要发生在将来的事情上，而不是已经发生或正在发生的事情上。

转移注意力 方法 5：
将你的关注点从内在体验转移到
外部环境或他人身上

当身处让你感觉恐惧的情景中时，不要将关注点放在你的恐惧上，而是尝试触摸你周围的物件，将关注点放在物件的质感上。如果你经常感觉焦虑，尝试去当地的流浪者庇护所里做一两个小时的志愿者工作。

我的老师米尔顿·艾瑞克森曾向一名叫大卫的年轻人建议不要独自待在家里抑郁，而是尝试到公共图书馆里去抑郁。大卫同意这样尝试一下。（到了公共图书馆后）他并没有坐在那里闷头苦思生活中为何充满了抑郁沮丧，而是决定查询一下与洞穴探索相关的资料，因为他一直都对洞穴探索很感兴趣，只是从未有所行动。当他走到有关洞穴探索的书籍区时，一个年轻人走向他，问他是否对洞穴探险感兴趣。当这个年轻人从大卫口中得到肯定答案后，他们两人就交谈起来，最后还一起探索洞穴去了。大卫交了新朋友，外出的次数也多了起来，抑郁症状也减轻了不少。

方法 5 总结

将你的关注点从内在体验转移到
外部环境或他人身上

从内心的感受中脱离出来，把关注点放在外部世界里。

转移注意力 方法 6：
将你的关注点从外部环境或他人身上
转移到自己的内心世界

我的一位访客总在高强度的工作和各种家庭活动间疲于奔命，他开始感觉不到活着的意义，觉得自己存活于世的躯体不过是为了尽义务而已。他给自己放了一个周末的假，安静地做冥想。在冥想期间，他发现在婚姻中他一直逃避和否认一些严重的问题。当他着手处理这些问题时，他开始减少工作量并增加了锻炼次数，他也由此又找回了生活的意义。

方法 6 总结

将你的关注点从外部环境或
他人身上转移到自己的内心世界

把你的意识放在你的感受或内心世界上，而不是放在关注他人的言语或行为上，也不是放在发生在你周遭的事情上。

转移注意力 方法 7：
将你的关注点放在起过作用（或正在起作用）的事情上，而不是没起作用的事情上

这一方法其实是本书的终极目标，也是第二章详细讲解的内容，但在一些小事上用这个方法也能产生积极效果。比如，如果你在演讲时会更关注皱着眉头的人群，那么尝试在听众中找出听你讲话时微笑或点头的人，然后将关注点放在他 / 她身上。又如你可以把关注点放在你的孩子、配偶、员工做得好的地方，而不是评论他 / 她做得不好的地方。

我听过一个牧师的故事，即便他每周已经工作超过四十小时了，他还总是给自己施加压力，想为教会做更多事情。他的一些教友常由于一两件事指责他（要么说他开明，要么说他太保守，或他应该为年轻人组织更多的教会活动）。于是，他开始收集整理"慈言善语"，即整理出一个文件夹，存放多年来人们对他说过的友好话语，或是感谢他说过的亲切话语，或是感谢他特别动人的布道，或是感谢他提出的建议拯救了一场婚姻。每当他感到烦扰沮丧或不被感激时，他就会去书房，翻看他的"慈言善语"文件夹，然后又精力充沛地工作。

> **方法 7 总结**
>
> **将你的关注点放在起过作用（或正在起作用）的**
> **事情上，而不是没起作用的事情上**
>
> 留意问题的解决办法、事情的积极面以及积极的行动，而不是问题本身、事情的消极面或负面的行动。

转移注意力 方法 8：
将关注点从思考或感受转移到行动上

如果某些想法或感受困扰着你，那么把你的关注点放在能够采取的、对消除烦扰感受／想法有用，或总体来说对你的生活有益的行动上去。

一位前来咨询我的男士对他的工作不满。其实他对工作不满也有些时日了，但他从未采取任何行动去改变。他想要自己创业，但一旦他开始思考创业的前景，要么会开始幻想美好的一切，幻想他自己创业后生活会如何精彩；要么会变得焦躁，认为创业太冒险，他不可能成功。

我和他达成了一致，每次他对工作不满时，不再用幻想或焦躁不安来逃避，而是开始做具体的行动计划并采取具体措施（如打电话给可能会与他签咨询合同的熟人），这既可以把他往梦想上引领，也能减少他对失败的焦虑。

将关注点从思考或感受转移到行动上

与其关注你的内心世界，不如采取实际行动。

转移注意力　方法 9：
问"解决导向式"的问题

> 如果他们让你问错误的问题，那么他们就不用担心答案了。
>
> ——托马斯·平钦（Thomas Pynchon）

与其抓破头皮针对自己的"毛病"问问题，如："为什么我会有这种问题？""我到底出了什么问题？""我到底做了什么才导致这样的结果？""我的童年、基因或生理机能到底出了什么问题才让我变成这样？"我建议你着重用同样问题的变体形式提问："哪些我一直在做、在想或在关注的事情是无益的？其他还有哪些事情是我做了、思考了或关注了就能让我改变自身处境的？"

基本上，询问"为什么"会把你带错方向，会让你不断搜寻解释，在同样的话题上转圈圈。当然，它也不总是带来这样的结果。有时，问一个"为什么"也会把你带向有益的方向，或能帮助你理清所处的现状。但我建议更多地用"如何"或"什么"来提问。如，与其问你自己"为什么这些糟心的事总发生在我身上？""为什么在恋爱中我总是被甩？"，不如问你自己更有成效的问题，如："我要做什么才能改变现状？""在将来的恋爱关系中我要如何做才能减少被甩的可能性？"

如果你通常会自我反思，可以尝试用以下问题进行反思：

- 我在这种情况中看到和听到了什么（如事实是什么），我从这些事实中得到了什么结论？
- 如果我不得不经历一次，我能从中得到怎样的经验教训？
- 我必须要怎样做才能让事情朝着我期望的方向发展？
- 为了让事情朝着我期望的方向发展，我愿意戒除哪些行为？
- 我是否想要为此付出我的精力或注意力？如果我不想，我更愿意把精力或注意力放在哪里？
- 是否现在就有我能采取的行动？如果有，第一步是什么？如果没有，我将如何接受并包容我不能立即改变的现状？
- 我在这种情形下要怎样抉择？
- 我之前处理这一状况的最好方法是什么？

当克里斯的工作电脑崩溃时，他的第一个念头就是大叫和扔东西。这是他通常应对危机的反应，而工作电脑崩溃就是一个糟心的危机。克里斯已经有八个月没在电脑上备份资料了，他的业务很多，因此他来不及处理这些行政类的事务。客户们不断打电话问他订单在哪儿。并且当天是周五，克里斯放了副总一天假，因为他周末要作为伴郎去参加一场婚礼，所以他先让副总在周五休一天假，这样克里斯参加婚礼时，副总就能处理工作上的事情。而更糟糕的是，两名关键雇员毫无征兆地在本周早些时候辞职了，他还没找到顶替他们的人员。

克里斯问自己的第一个问题是："为什么这总是发生在我身上？"然后他转念问了一个解决型的问题："针对这个问题，我现在能做点什么呢？"他给他的副总打了通电话，她同意来帮忙把事情理顺。他又给一位电脑顾问打了个电话，电脑顾问承诺会尽一切可能让电脑当天就正常运作起来。到他的副总抵达时，克里斯也没有那么手足无措了。他俩坐下后便交谈了起来，他的副总是一个平静沉稳且处变不惊的人，她说道："克里斯，事已至此，我们可以想想做些什么事，能让我们从这场危机中找出点乐子呢？"

克里斯有点愕然，他是个喜欢玩乐的人，他极尽所能把公司打造成富有乐趣的地方，但他从未想过在危机中还能找出点乐子，不过，他觉得这个有趣的想法还是值得考虑考虑的。他俩开始开动脑筋，产生各种奇思妙想，在危机中找出了乐子。克里斯决定一整天都戴着笨蛋高帽①，好让他的员工知道他是一个没做电脑备份的傻瓜。他在公司的黑板上写下

---

① 旧时在学校戴在笨孩子头上的锥形纸帽。——译者注

五十遍"我要每天做备份，在家甚至（银行）保险箱都得存上备份"。不可思议的是，正当他们玩得不亦乐乎时，一个应聘者出现了，且这名应聘者正是应征职位的完美人选，他俩当场就把他聘用了。电脑顾问赶来后把电脑启动和运行了起来，并存取了所有数据。当克里斯开始问自己"解决导向型"的问题时，事情就有所好转了。即使事情没有好转，他也从中获得了不少乐趣。看，是谁笑到了最后呢……

方法 9 总结

问"解决导向式"的问题

改变你问问题的方式，将问不出任何结果或给你带来更糟感受的问题，转换成开启新的可能性或可以引出解决方法、给你带来舒心感受的问题。

练习转移注意力

把问题从"问题导向式"转换成"解决导向式"

思考一个典型的问题情形，写出针对问题情形你会对自己或他人询问的典型问题，仔细检视这些问题，它们让你感觉更好还是更糟？这些问题推动着你朝着想要的方向，还是仅仅给出了你裹足不前的一个好理由而已？如果你问的问题不能给你带来帮助，尝试上文列出的问题选项，或自己想一些更有帮助的提问。

打开问题之锁的第 4 把钥匙：
转移注意力

方法 1：转换接收信息的感官

在你的视觉、听觉、触觉、嗅觉和味觉中转换。留意在问题出现时，你使用最多的是哪种感官，将之转换为另一种感官，或用同一个感官关注其他讯息。

方法 2：扩展你的关注点

将关注点放在问题情形里你没有留意过的事情上。

方法 3：将你的关注点从过去转移到现在

将关注点放在你身处的当下，而不是陷入过往的回忆中。

方法 4：将你的关注点从现在 / 过去转移到将来

将你的关注点从你的回忆或当下，转移到你想要的将来上。

方法 5：将你的关注点从内在体验转移到外部环境或他人身上

不要把关注点放在萦绕你内心的纷扰（思绪、感受、幻想、体验）上，而是放在他人或你周围的外部事物上。

方法 6：将你的关注点从外部环境或他人身上转移到自己的内心世界

如果在问题情形中，你的关注点总是放在外部环境或他人身上，那么尝试收回你放在外部的关注点，将之放在你的内心世界里。

方法 7：将你的关注点放在起过作用（或正在起作用）的事情上，而不是没起作用的事情上

将关注点放在正对问题起作用，或过去类似情形中起过作用的事情上。

方法 8：将关注点从思考或感受转移到行动上

与其关注你的内心世界，不如在现实世界中采取行动。

方法 9：问"解决导向式"的问题

针对问题情形，检视你对自己或他人提出的典型问题。问更有用的问题，即能够帮助你更好地认知问题情形，或能帮助你更好地扭转问题情形的问题。总的来说，用"什么"和"如何"提问，比用"为什么"提问更有效。

第六章

如果你连梦想都没有，还怎么梦想成真？

借用未来解决问题

我只关心未来，因为我的余生都会在那里度过。

——查尔斯·F. 凯特林

（Charles F. Kettering）

一九九〇年，维克多·弗兰克尔曾在加利福尼亚州安纳海姆（Anaheim California）的会议上发表过主题演讲。出席会议的人数达七千人，弗兰克尔讲述了他的一段感人至深的经历。他讲述了自己被羁押于纳粹集中营时所经受的可怕遭遇以及多次踏入死亡边缘的经历，他的身心因此备受摧残。在演讲中，他提起一个深深铭刻在他心上的日子。

那是一个寒冷的波兰冬日，他与一组囚犯正穿越一片田地。他穿着单薄的衣衫，光脚穿着满是破洞的鞋子，由于缺乏营养和饱受折磨，他病得快奄奄一息了，（走着走着）他咳嗽了起来，这阵咳嗽如此剧烈，直接让他跪倒在地上。警卫走过来让他站起来继续走，但剧烈的咳嗽和虚弱的身体让他连开口说话的力气都没有了。于是警卫开始用棍棒打他，告诉他如果不站起来就把他留在原地等死。弗兰克尔已经见证过其他囚犯的类似遭遇，清醒地知道警卫话里的严重后果。病得气若游丝，疼痛难忍，还被棍棒击打，他想着"我的一生是要终结于此了吧"。他已经没有一丁点儿力气支撑自己站起来了。

他就这样倒在地上，完全无法爬起来，突然场景一转，他已不在波兰，他想象自己在战后的维也纳站着做演讲，演讲的题目是《集中营心理学》(*The Psychology of Death Camps*)，两百名听众全神贯注地听着，演讲的内容来自他在集中营里一直研究的题材。他讲到了一部分人是如何从心理和情绪上看起来比另一部分人更好地在这场劫难中活了下来。这场精彩的演讲在他脑海中演绎，他不再是半死地倒在田地里，而是站在演讲台上口若悬河，他对着想象中的观众说，在田地里被打的那天他很确信自己已经没有力气站起来继续走了。

然后，他对想象中的观众说，奇迹中的奇迹发生了，他居然硬撑着站起来了，警卫停止了击打，他先是摇晃了几步，然后就稳稳地走了起来。他一边想象着向观众描绘这一场景，一边拼尽全力站起身来并迈开腿。他继续想象着这场演讲，撑过了劳作，也撑着在寒冷中走回集中营。他瘫倒在自己的床铺上，想象着这场精彩绝伦、清晰明了的演讲结束时全体观众起立为他热烈鼓掌。多年后（1990 年），在几千英里外的加利福尼亚州安纳海姆，他在演讲后获得了七千名观众的起立鼓掌。

维克多·弗兰克尔到底做了什么是生活中出现问题的人们没有去做的呢？他生动形象地想象了一个自身问题已然被解决了的未来，然后倒推到当前，以此来决定他将要采取怎样的行动才能使想象中的未来变成现实。

如果你深受某个问题的困扰，你只需要把目光从往事上调离，并将之放在你清理了问题后的未来，这种转移目光的方式就是对"看待问题的方式"做出了重大调整。当然，接下来你得倒推回当下，想出要让未来成真的具体行动，而不是沉湎在美好的幻想中。坦然接受过往，不否认、不忽视是很重要，但将关注点放在你想要进取的方向上则是重中之重。

打开问题之锁的第 5 把钥匙：

想象一个未来，并从中倒推出能用于
当下的解决方案

最近，我读到一篇有关互联网的文章，文章作者说未来商务中最重要的内容将是利用所有媒介为吸引消费者的注意力而竞争，他预言注意力将是最珍贵的未来货币。你的关注点将对你产生影响，并会引导你的行动。对于这一点，你只需要看看那些尝试用广告吸引你目光和耳朵的市场营销人员就知道了。那么，针对你的问题，你把注意力放哪儿了呢？如果你没把大部分的注意力放在未来，那么你可能无法解决你的问题。

利用未来　方法 1：
采用"可能性"的谈话方式和
"积极预期"的谈话方式

如何用"可能性"的谈话方式取代问题式的谈话方式

我们深受问题困扰的一个表现，就是用问题导向和过去导向的方式讲述问题。当我们使用沮丧泄气的语言时，我们的思维和感受在不经意中就偏离了美好未来的可能性和问题能被我们解决的可能性。但语言也是一件非常有力的工具，能改变看待问题的方式。运用"可能性"的谈话方式能自然而然地让人有一种选择和改变的感觉。

- 用过去时讲述问题，而不用现在时或未来时。比如，"我一直受到抑郁的困扰"，而不说"我现在很抑郁"或"我的余生都将在抑郁中度过"。这种说法能够为现在和未来打开新的可能性。

- 避免绝对性、全有或全无的字词。像"从来没有""总是""没人""所有人"和"绝对没有"之类的词语用在否定语句中，让人感觉灰心丧气，通常让你感到不可能，并阻碍带来希望和创新的思维。将绝对性 / 概括性的陈述，或绝对性 / 概括性的问题转换成部分陈述 / 部分问题。"我们从来没有相处融洽过"，改成"我们通常相处得不融洽"，或"大多时候我们会争吵"。

- 言谈中避免把自己或他人描述成问题。这种标签一旦贴上就和强力胶似的，很难扯下来。说出"我是个抑郁的人"或"她老是抱怨"这样的话会产生误解，让你和他人看不到你自己 / 他人身上的其他特质。你可以说"我患有抑郁症"或"她有抱怨的倾向"。与其表达"我是个拖延症患者"，不如尝试说"我通常会拖延"。

如何采用"积极预期"的谈话方式

另一种方式，能让你将注意力更多地放在将来和解决方法上，我称为"积极预期"。我们使用的语言常常能反应我们对将来的期待。这种谈话方式让你感觉美好的未来是可能的，甚至是未来可期，并以此来播种你想要的未来。

如果你采用这样的说话方式："事情绝不会有所好转"，或"下一步会在哪儿出错"，或"他绝不会做出改变"，那么你期待的未来将与现在一样或更糟。你的期待会影响将来，很可能你无意间已经在创造和现在一样或更糟的未来了。如果你认为事情是无法改变的，你就很可能一直做着和以往一样的事情。如果你认为事情会发展得更糟糕，你就很可能不知不觉在推动着事情往更糟糕的方向发展。这就好像你自己一手创造了会应验的预言。

多年前曾有这样一个实验，一部分教师被告知，他们所教的那组学生是当年很难教的一组，另一组教师则被告知他们所教的那组学生是非常有学习积极性的优等生。而事实上，每个教师所教的学生组都是常规的混合群体。但到年末时，"麻烦"组得到的是更差的评分、更多的行为问题和更低的测试分数。而所谓的优等生们在所有领域中都做得更好。两组学生间唯一的不同之处仅在于教师们的不同期待上。

几年前，当我在孟菲斯公立学校体系中教书时讲过这个故事，而我也被告知了该学区的传奇故事（可能是杜撰的）。某一年，有一个班的学生尤其难管教，搞得两名教师精疲力竭。其中一名教师选择提前退休，从而退出教学，另一名教师决定不再教书。这个班是出了名的难管，连代课老师都开始拒绝去上课，因此学区给一名应聘了一个教学职位，但未达到当年招聘要求的教师打了一个电话，问她是否愿意来上完当年的课程，并承诺下一年给她全职职位。这名教师满心欢喜地接受了。校长决定不告诉这名教师该班的情况，担心她知道即将面对的难题后临阵退缩。新教师到岗教学一个月后，校长坐在该班的一节课上查看教学情况。令他惊异的是学生们表现良好且充满学习热情。当学生们列队走出教室后，校长留了下来，向这位教师优秀的工作成果表示称赞。这位教师感谢了校长的祝贺后，坚称是她应该感谢校长——在她初次教学任务中给了她这么特殊和了不起的班级。校长支支吾吾地表示他真的不值得她的任何感谢。这位教师笑着说道："你看，我在来这里的第一天就发现你的小秘密了，我在讲桌抽屉里找到这个班学生的智商得分表，我当时就知道我面对的是极具挑战性的一群孩子，聪明活泼又古灵精怪。既然他们的智商这么高，我得加倍努力把教学变得有趣生动才行。"她拉开讲桌的抽屉，校长看到一张表列着学生们的名字，名字旁边还对应地写着 136、145、127、128 等数字。校长激动地惊叫道："这不是他们的智商得分表，这是他们柜子的编号！"真相来得太晚了。这位教师已经认定这群学生既聪明伶俐又极富天赋，这群学生也对她肯定的观点和对待他们的肯定方式做着积极的响应。

你可以刻意在谈话中创造出"积极预期"的气氛。用积极预期谈话去预测解决方法，使用充满可能性的用词："目前为止我还没得到那份工作""我们暂时还不知道怎么相处"。可以说"当我解决了这个问题的时候，就可以更好地与人相处"，而不是"如果我解决了这个问题……"。使用关键字词：到目前为止、暂时没有、直到现在、当……后、将会。

（ 方法1总结 ）

采用"可能性"的谈话方式和
"积极预期"的谈话方式

用过去时讲述问题；避免使用带有绝对性的字词；避免将任何人描述成问题本身。利用期望制造一种将来会更美好的感觉，并对问题解决后的情况做出预期。

利用未来　方法2：
构想生活，创建或唤起一个让你心生向往的未来

如果你满怀希望，你当然可以采取行动。奇迹就发生在当你感觉希望渺茫，但你还是敦促自己行动起来的时候。可能是大脑受到了行动的刺激，重新把希望带给你了。我也不知道这是什么原理，我只知道这确实会起作用。

——沙里·刘易斯（Shari Lewis），

摘自拉比·莫里斯·拉姆（Rabbi Maurice Lamm）

《希望的力量》（*The Power of Hope*）

创建一个充满可能性的未来，另一种方法是构想一个不

受问题困扰的未来，就像你从水晶球里看到的一样，或者像出现了奇迹一样，然后采取行动实现你所构想的未来。那么你将怎样采取行动？你现在应该怎样做才能让你构想的未来成真呢？

密尔沃基的一组心理治疗师提出了一个新奇的方法来展望这一"问题解决后"的未来。他们开始让受问题困扰的人们想象在某个晚上他们入睡后，奇迹发生了，在生活中困扰他们的问题都被解决了。当然，由于奇迹发生时这些人都处于睡眠状态，所以他们并不知道奇迹已经发生了。然后关键来了，这些心理治疗师问这些人如果第二天醒来被告知奇迹已经发生后，他们想做的第一件事是什么？这组心理治疗师发现，当被问到这个问题时，这些人对于自己不受问题困扰后将会有怎样的行动和思维有着清楚的概念。

注意，要清楚这个方法并不是让你将解决问题的希望寄托在奇迹上，而是将你的想象与行动力从不必要的限制中释放出来。采用此法有三个步骤：（1）清晰地展望你不受问题困扰后的未来，或明确地预见当你拥有称心的、充满意义的生活之后的未来。（2）认识并着手处理通往美好未来的道路上的障碍。（3）制订行动计划，克服障碍，让未来成真。

步骤 1：为未来制定一个愿景

在维克多·弗兰克尔的故事中，你已经看到有一个未来的愿景对帮助解决你目前的问题以及采取措施有着不可估量的作用。以下问题可助你制定一个清晰的未来愿景以及人生目标。回答任何一个能帮你获得目标感和未来可能性的问题。

- 你的人生目标是什么？
- 你想在你的未来取得什么样的成就？你想获得什么样的未来？
- 你曾有过或现在有怎样的人生梦想？
- 你出现在这个星球的意义是什么？
- 你认为人类出现在这个星球的意义是什么？
- 你认为你能在哪个领域做出贡献？
- 哪些事情是你心向往之的？
- 有什么事情能让你内心愉悦？
- 当摆脱困扰你的问题后，你会做哪些事情？
- 当你不再受问题困扰后，你和其他人之间会有怎样的不同？
- 在你没有告诉其他人你已经摆脱了问题的情况下，其他人将怎样知道你已经摆脱了问题？

我给一个家庭做过咨询，这个家里十五岁的儿子与不良团伙混在一起，还染上了毒瘾。他原本是个成绩优良的好学生，但自从加入不良团伙、染上毒瘾后，他的学习测评分数就开始下跌，到上学期所有科目全部不及格。这个男孩告诉我他憎恶学校，我问他最讨厌哪节课、最不讨厌哪节课，他说最讨厌英语课、最喜欢艺术课。我又问最喜欢艺术课的哪一点，他答道："我在团伙里负责涂鸦，水平还不错。我在艺术课中的绘画项上得优，但我讨厌艺术课中的其他内容——艺术史、做动感雕塑和雕刻等。所以我还是不及格。"我问他如果因为成绩太差而被高中退学的话，他计划如何养活自己？他说道并没有什么计划。我问道："你能用艺术挣钱养活自己吗？""当然能，"他说，"可以画壁画。""你是怎么有这个想法的？"我很想知道，于是问了他。他告诉我说去年社区里一个画壁画的人来到他的艺术课堂上，告诉他们他接到的壁画工作太多，一个人忙不过来，想要收些学徒，指导他们画壁画挣点钱。"那你要怎样才能成为他的学徒呢？"我问道。"得上学并且考试及格。"他回答说。我又问道："那你现在有兴趣好好上学并考得及格分数吗？""有。"他答道。当他接着讨论到他需要远离不良团伙戒除毒瘾才能取得学业成功时，他的父母惊讶得差点从椅子上摔下去。他们一直用同样的道理对他说教，但他从来没有听进去过。但当他发掘出自己的动机时，他却能解决自己的问题。

步骤 2：着手解决和打破障碍，奔向内心向往的未来

一旦你理清了对未来的愿景，可能就需要处理在通往愿景道路上的实际障碍或主观认为的障碍。有时人们知道他们想要怎样的生活和未来，但他们没有办法实现那样的生活，因为他们认为一路上有无法克服的障碍。他们惧怕成功或担忧失败，他们认为自己能力不足，无法实现梦想，或者要在某个起点事件发生后才能开始追求梦想。而有时挡在梦想前的则是实实在在的障碍。

几年前，当我开始感觉自己能在所选择的领域中做出建树时，我去找了一位年长并更成功的心理治疗师给些建议。我告诉他我感受到一种使命感，即应在治疗中更尊重客户并采用更有效的疗法，我认为要完成使命就得写书和开展研讨会来覆盖最广的读者 / 听众范围。这位年长的心理治疗师对我说他认为其中有个问题，就是我只有硕士学位，而这一领域中占主导的都是获得博士学位的人。他说要是没有更高的学位，我是无法找到出版商的。结束谈话后，我感觉被摧垮了，因为我认为自己已经做好了立马行动的准备，我也不想再花几年时间在学校里学习。但我还是坚持了下来，两年内我拿到了写第一本书的合同。你手里拿着的这本书是我写的第十七本书，而我还是只有硕士学位而已，因此我认为那个心理治疗师当时的看法是有误的，有时我们认为的障碍实际并不存在。你本来需要应对很多实际障碍，而在这些实际障碍中加入恐

惧、想象或其他人的看法只会增加你实现梦想的难度。

以下问题可助你识别和克服实际或想象的障碍。

- 你认为是什么阻碍了你实现愿景、达到目标？

- 你在害怕什么？

- 你认为必须以哪些事情为起点才能开始着手实现你的
  愿景和目标？是真得有此事才行，还是这只是你或他
  人的想法而已？

- 为了实现你的梦想和愿景，有哪些行动你还没有采取？

- 为了实现梦想和愿景，你需要处理哪些实际障碍？

- 你的榜样、导师或你崇拜的人要实现这个愿景会怎么做？

- 在这个情境中，有哪些是他们（你的榜样、导师或你
  崇拜的人）会做、会感受到、思考到而你却没有做、
  没有感受或思考到的事情？

- 在这个情境中，有哪些是他们（你的榜样、导师或你
  崇拜的人）不会去做、不会去感受或思考，而你却在
  做、在感受或在思考的事情？

步骤 3：制订行动计划实现心之所向的未来

预测未来最好的方法就是去创造未来。

——彼得·德鲁克（Peter Drucker）

有一个清晰的愿景是大有益处的，但仅有清晰的想法

不足以保证实现这样的未来，你还得有一个行动计划。倒在雪地里的那一天，维克多·弗兰克尔不仅仅只是脑补了美好的将来，他还得站起身来接着走。当他最终走出死亡集中营后，他还得写书和做演讲。

一位在接受癌症化疗的女士深信化疗救不了她。化疗后，她非常虚弱，于是很抑郁。她没法好好吃东西或消化食物，而之前食物是她生活中的快乐源泉之一。我和她谈论了要像她会重获健康那样生活，然后，我问她如果深信自己会重获健康，她现在会采取什么行动。她说她会拿出她的烹饪书开始计划化疗结束、病情好转后她想吃的所有美食。

我和她面谈后，她回到家便开始读她的烹饪书，计划几顿美餐。她发现在准备的过程中她对自己的病情抱有了更多希望，抑郁也减轻了不少。她说数月来第一次想象这场磨难结束后的情景。

以下问题能帮助你制订行动计划，将之付诸实施能助你创建你想要的将来。

- 你近期能采取哪些有利于你实现愿景和梦想的行动？
- 合上这本书，你会立即采取什么行动？
- 你今晚有什么计划？
- 你采取了这些行动后，会有什么感受？
- 想到哪些事情能激励你采取这些行动？

- 哪些意象或隐喻有助于你采取这些行动？

- 当你步上正轨后，你会想或做的第一件事是什么？

- 你是否已经做了某件事，让你意识到自己正朝着正确方向迈进？

方法 2 总结

构想生活，创建或唤起一个让你心生向往的未来

步骤 1：为未来制定一个愿景

如果你不知道将去往何方，你最终很可能会到达一个你不想前往的地方。有一个梦想、一个你想要的愿景是很重要的，即使只是一个让你不受当前问题烦扰的将来。

步骤 2：着手解决和打破障碍，奔向内心向往的未来

在你实现美好将来的路上，你可能会面临内心（想象的）障碍或真实障碍，理清会有哪些内心（想象的）障碍或真实障碍。改变你的行动或思想，挑战障碍。

步骤 3：制订行动计划实现心之所向的未来

即便你不确定是否能实现目标，你也可以开始采取行动，就像构想的未来能够实现那样。

显然，构想一个你想要的未来，并以其为目标采取行动并不总能得到结果，但如果你断定无法实现，也不采取任何行动，那么美好的未来是铁定不会来敲门的。

打开问题之锁的第 5 把钥匙：

想象一个未来，并从中倒推出能用于当下的解决方案

方法 1：采用"可能性"的谈话方式和"积极预期"的谈话方式

停止使用让你觉得不可能达成目标的说话方式——那些否定的、令人气馁的。用一种可能又可期待的方式谈论未来。

方法 2：构想生活，创建或唤起一个让你心生向往的未来

构想一个未来，在其中你的问题已经得到解决，或你过上了梦想中的生活，并且找到了人生目标……然后朝着这个可以实现的未来采取行动，向途中的任何阻碍——真实的或想象的——发起挑战。

第七章

重写生活故事

将"问题型信念"转变成
"解决导向式"理念

近年来，社会学家已经开始认识到政治、宗教以及军事人物早已知晓的事实，即故事（叙事、神话或寓言）构成了人际关系中独一无二的强大价值……我进一步认为正是故事的……特性（帮助个人思考和感知自我身份，思考和感知自己来自何方、将要去往何地的文字叙述）构成了领导的……武器库里最强大的武器。

——霍华德·加德纳（Howard Gardner）
《领导头脑：领导力剖析》（*Leading Minds: An Anatomy of Leadership*）

我年轻时极为害羞，而这也让我一直深感挫败。我无法轻松地交朋友、约女生或在群组里表达我的想法。大多时候我都感到很孤独。终于有一天当我在阅读一本书时，脑海里浮出了这样一个想法：可能我本身并不害羞，只是我学会了"要害羞"。这一想法引起了我的兴趣，因为这就意味着我还有改变的希望。既然我能学会害羞的行为，那我就能学会"不害羞"的行为。于是我开始不按常理出牌，打破我自己和别人对我持有的害羞的老印象。我在生活中总能听到别人说我害羞，我的家人也总是那样描述我，因此我也就认为自己是个害羞的人。但现在我意识到这可能仅仅是他人描述出来的故事：一个人为制造的想法。在不断地挑战这个"故事"几年后，我最终开始为讲习班授课，一个月对着几百人，有时甚至几千人授课。那么我的羞怯呢？它仍然伴随着我，只是我早已学会了"不害羞"。

同样，你也毫无疑问地在他人的帮助下编写出了自己的故事，其中有些是好故事，如"我做事很有条理"，或"我很会和孩子们相处"，你也很喜欢这些好故事以及这些好故事给你的生活带来的益处。但有些故事却没这么美妙，它们不能帮助你解决问题，也不能给你的生活带来更多欢乐。因此，要想改变对问题的看法，还有另一种方法，即：要敢于挑战对你自身、对你的生活以及你的问题毫无益处的想法。我将此法称为"编写解决导向式的生活故事"。

下文所讲的儿童游戏形象地展示了身心被无益故事所束缚的情况：

一个房间里散乱地放着一些椅子，一个小孩尝试记住椅子的位置，并规划出一条线路，之后，他同意蒙上眼睛穿过整个房间，同时不碰到椅子。当这个小孩带上眼罩后，其他小孩悄无声息地把所有椅子都移到了一边去，然后乐呵呵地看着蒙着眼睛的小孩为了避开完全不存在的障碍而在房间里歪歪扭扭地走着。[PV Eckhart，《读者文摘》(*Reader's Digest*)，一九九四年一月，第十六页。]

我们中的多数人在生活中都有如同这些椅子一般的故事或信念：我们从不要求加薪，是因为我们认为加薪是不可能的；我们担心自身不够聪明，所以不敢去争取（原本想要的）大学学位；我们不敢邀请心仪的人外出约会；我们不敢把自己创作的艺术作品、诗歌、文字作品或歌曲递给潜在的出版商或客户；我们害怕当众演讲，因此像躲避瘟疫一样回避着……这种种行为皆源于在"问题导向式"故事和"解决导向式"故事之间，我们默许了前者常相随。

识别问题型故事

有哪些有关你自身或你的问题的故事拖住了你的后腿，一而再再而三地让你重复同样的行为？首先让我们认识一下四类阻碍改变的故事：（1）责怪型故事；（2）无可能型故事；（3）视作无效型故事；（4）无问责型故事。

第 1 类：责怪型故事

"责怪型故事"是指确认某人的行为不端或行为有问题，或某人意图不轨。我们会认为自身或他人身上有这样的故事：我可能认为你在试图控制我或认为你很自私，而这种想法通常不能帮助我解决我们之间的问题，也不能帮我争取到合作做出改变的机会。或者我认为我很懒惰、有生理疾病或心理疾病，而这些想法通常也不能帮助我做出改变。

责怪型故事通常不能为你或任何人带来帮助。在此我并不是说你不能让自己或他人对自身的行为负责，我们将在之后的小节里讨论这一点，但让人们为各自的行为负责与责怪他人是两种不同的概念。责怪把你困在过去，让你把精力集中在找出让你身陷困境或给你带来当前问题的人、事上。

温迪·柯米纳（Wendy Kaminer）在《我功能失调，你也功能失调》（*I'm Dysfunctional, You're Dysfunctional*）中讲过她在创伤幸存者身上发现的一个辛酸故事。在编撰一本有关各种自助小组（如酗酒者成年子女康复协会或童年时受过虐待的成人自助小组）的书的过程中，她参加了数百场自助小组的会议。在她看来，多数自助会议的特点都是自我怜悯、责怪他人以及无休止地重述童年的创伤经历。在调研期间，她走访了一群柬埔寨妇女，她们都是从杀人现场逃离后来到这个全新又陌生的国度的，她们中的大多数人都经历并目睹了不可名状的恐怖。柯米纳被这群柬埔寨妇女与她调研的其他自助小组之间呈现出来的反差所触动，这群柬埔寨妇女很少提及过往，也很少责怪他人，而是把时间用在相互帮助并学习有助于她们日常生活的实际事务中，如多学点英语词句、学习当地的公交系统等等。

第 2 类：无可能型故事

有句老话可以总结这一类问题型故事："无论你认为某件事可不可能做到，你都是对的！"人类历史中取得的多数进步都来自那些不接受不可能的人们。火箭科学家韦恩赫尔·冯·布劳恩（Wernher von Braun）曾说过："我学会了极度谨慎地使用'不可能'这个词。"就算你不对自己讲各种限制自身的故事，你也能在世俗社会里发现足够多的限制。

二十世纪六十年代曾有一系列实验以狗为对象，实验中狗被放在升起来的笼子里，笼子底部是金属丝网，每个笼子中间有一个障碍，这个障碍上有一个与狗同样大小的洞，笼子也因此被分隔成了两部分。实验中会用轻微的电流电击笼子的一侧，当然，狗会很快移动到没有电击的那一侧。然后实验人员会电击笼子的两侧，狗会在一段时间内在笼子两侧来回走，试图避开电击。当狗清楚地意识到无法避开电击后，就会躺下不再尝试，即使承受电击，它们也不会再起身试图移开。接着实验人员把笼子另一边的电流关闭了，猜想狗会不会发现它们已有机会可以避开电击带来的不适感，然而大多数狗没有反应。它们已经学到电击是不可能被避开的，所以为啥还要尝试躲避呢？这就是一则无可能型故事。

此时，如果你再仔细阅读这个实验的话，你可能注意到我写的是"大多数狗"都没发现笼子另一边的电流已经被关闭了，但有少数狗却发现了。即便已有的实证都对它们不利，但它们还是坚持躲避电击，并在最终避开了。实验人员接着在人身上做类似的实验（当然并不是把人关在金属丝笼子里对他们进行电击）。实验人员对人们的态度及说辞进行测查后，发现部分人有着"无可能型"思维方式。他们的想法和笼子里那些灰心丧气的狗是一样的，这些人认为他们无力改变任何事情，认为问题是长久持续、遍布各处且无法躲避的。这是一种会自我应验的观点，因为这些人不会采取行动改变自身所处的苦闷境遇，因此他们在生活中也就会遇到更多问题。

一位五十多岁的女士前来找我帮忙解决她婚姻中的问题。她抱怨她的丈夫不够深情，她对他俩的婚姻很不满意。当我问她想要她丈夫做哪些事情来表现对你的真情时，她说："这么说吧，我的丈夫是在一个有着五个男孩的爱荷华州农场家庭长大的。"一开始我并没搞清楚她的回答和我的问题的相关性，直到她更详细地解释缘由，说她想要丈夫握着她的手搂着她，用肢体语言表达对她的爱意。但她曾读过一篇文章，其中谈到在很少或没有使用肢体语言表达爱意的

家庭中长大的男孩，是无法在成年后使用肢体语言表达爱意
的。因此，她坚定地认为她的丈夫无法用行动表达爱意。这
就是典型的无可能型思维方式，也因此她无法在婚姻中获得
她想要的恩爱表现，并且还很严肃地在考虑离婚，然后去找
一个成长环境不同的男人结婚。

我告诉她我认为她的丈夫是有可能像她渴求的那样表达
深情的。我问她，她丈夫有没有握过她的手或搂过她，她回
答说有过，她记得他俩"来电"时，他常常搂她，他俩随时
都牵着手。我问她是否认为她丈夫伸手搂她会用到的肌肉在
这些年已经萎缩了，她笑着说道："可能没有哦。"我表示同
意，并告诉她现在我们要采取方法让她丈夫更多地用肢体来
表达爱意。

如果我们认为改变是不可能的，就会常常阻碍自己或他
人对改变做出尝试。

第 3 类：视作无效型故事

有时我们会认为自己或他人的感受、想法或自我是有问
题的。我们可能会认为当我们说了某句话或做了某件事让他
人受到伤害时，是他人太过敏感了；或我们可能认为他们的
兴趣爱好很蠢或很不正常。

我曾为一对总被老问题纠缠的夫妻做过咨询。丈夫很喜
欢驾驶他的私人飞机飞上一圈，妻子则认为丈夫这个爱好既

愚蠢又危险，还浪费钱。因此，每当周末天气好时，他们两人之间就会上演一场已发生过无数次的游戏：周日下午的某个时段，丈夫会漫不经心地从安乐椅上站起来，伸展伸展身体，并说他要出门去乡间兜一圈风，然后他就会溜到机场去；妻子会起疑心，也跑去机场，在丈夫的飞机着陆后愤怒地和他对峙，责怪他骗她，责怪他在愚蠢的爱好上浪费钱。她认为丈夫的兴趣爱好愚蠢乏味，认为丈夫不该有这样的爱好。在她的故事里，她把丈夫的爱好视作毫无价值的无效爱好，因此这一伤人的相处模式注定要在他俩之间不断重演。

当然上文示例中丈夫欺瞒了妻子确实也做得不对。但每个人的欲望或核心兴趣是没有对错之分的，只不过萝卜白菜各有所爱而已，而当一个人声称另一个人的爱好有着某种过错时，问题就跟着来了。

在早期的精神分析中，心理分析师深信需要刺激阴蒂才能获得高潮的女性所获得的是"不成熟的"高潮。这些心理分析师把这一解读灌输给了许多女性，使这些女性感到她们的欲望和需求是有问题的，她们得努力"纠正"。后来玛斯特约翰逊研究所（Masters and Johnson）出版了第一份实验研究，指出女性高潮源于阴蒂，即使女性高潮涉及阴茎的插入也是如此，而在此之前不计其数的女性深深地将其性欲视作无效。

第 4 类：无问责型故事

现今，如果我们想与自己的所作所为撇清关系真是太容易了，因为媒体给了我们各种各样的借口：我们可以把责任都归咎到基因上（你生来就是这样，实在是情非得已）；或我们可以把责任归咎到痛苦艰难的童年生活上（你成长在酗酒家庭里）；或者我们也可以把责任归咎到另一个人身上（是她或他逼我这样做的）。因此，有时我们会冒出这样的想法：我完全没有选择余地，只能这样做；或虽然我做了这些，但责任不在我身上。

但这仅仅是个故事而已，每个人都有各种选择，这些选择不是对自我感受、想法或自身的生化构成上的选择，而是对行动的选择。生而为人，我们可以在要采取的行动上有所选择。你可能很想对谁拳打脚踢一番或想杀死某人，但你并不必真将感受付诸实践；你可能有过量饮酒的遗传倾向，但你的基因又没让你去拿起酒杯喝酒；你有购物瘾，但你的购物瘾本身又不会打电话给（美国）家庭购物频道 QVC 订购数千美元的货品——只有你自己才能做出这些行动。

我曾为一对分居的夫妻做过心理治疗。这对夫妻中的丈夫多次背叛妻子，毫无节制地不断出轨、过度饮酒，从而让他们深陷债务。最终他俩分居后，妻子在自己名下的信用卡上重新建起了一些基本信用，但紧接着丈夫偷了妻子的信用卡，并花了最大额用来大肆酗酒。妻子来找我给他俩做心理咨询，以便她在告知丈夫她的离婚决定时能获得一些支持。丈夫知道这次心理咨询中会发生什么，他就把自己灌醉了才来。当妻子向他说明她的打算时，他声泪俱下并声称由于他是个酒鬼，他无力控制自己的行为。我则表示匿名戒酒会（Alcoholics Anonymous）定义的"无力感"完全不是这个意思，而是指既然他有饮酒的遗传倾向，并且在开始喝酒后就"无力"控制酒精的摄入量，他就应该想尽一切方法避免沾酒，所以他仍然得对自己喝酒时的所作所为负全部责任。

四类问题型故事

第 1 类：责怪型故事

在这类故事中，被责怪的是某个人（你自己或其他人），即某个人身上被"钉上"某种品质（如"自私""不正常""太敏感"）或坏意图（如"你只想控制我""我肯定是想获得关注""这就是导致我有这些问题的原因"）。这些故事不仅不能带来任何改变，还会不请自来地干涉改变过程。

第 2 类：无可能型故事

这类故事认为在既定情况下是不可能发生改变的。

第 3 类：视作无效型故事

这类故事认为某人的感受、欲望、感想或个性在某种程度上是错误的或不可接受的。

第 4 类：无问责型故事

这类故事声称人们受到遗传因素、他人或超出自身控制范围内的其他因素的控制，因此无须为自身行为负责。

打开问题之锁的第 6 把钥匙：
将"问题型故事"转变成"解决型故事"

幸运的是，我们并不会被问题型故事困住，我们可以向问题型故事发起挑战，从而改变问题。在我的工作中，我发现了几种有效方法，能帮助人们挑战自身的问题型故事，并促成解决导向式故事或能提供帮助的故事。

转换故事 方法 1：
坦然接受和详细叙述

要转换故事，可以采取"把概要叙述换成具体叙述"的方法，得抛开你能想到的任何理由、预测以及解释。如将"我很抑郁，我觉得我的抑郁不会好转"转化成"我感到肌肉里有种疲劳，我提不起精神，我脑中产生了一种情况不会好转的想法"。有时仅仅审视、接受或说出我们的经历就能让我们从旧说辞和旧故事中脱离出来。

前文所述的在狗身上所做的实验中，如果狗能坦然接受此时此刻无法逃离电击，它们可能会意识到未来的任一时间可能会有那么一刻电击不会存在。从经历上来说，它们所认同的故事使它们永远不能逃离电击。

同理，前文中接受心理分析的妇女们如果接受自身的经历，并承认她们很享受阴蒂区域的刺激感，承认这能给她们带来高潮，那么她们就不会接受心理分析师的故事并将自己的高潮体验视作无效，也不会因为有"错误的"欲望或高潮而感到羞愧。

方法 1 总结

坦然接受和详细叙述

只详细叙述问题情景，不要对之进行评判。

练习 1：坦然接受和详细叙述问题情景

1. 集中注意力想想某个引发问题的情景或人，并动笔写下来。

2. 坦然接受你对问题情景的感受，并用笔写下来。

3. 就像你能从录像带上看到或听到的一样，详细记录让你烦恼的事情的经过。如果你是因为一个人而感到心烦意乱，详细记录这个人到底做了什么让你有此感受（而不是记录这个人有此行为的原因）。不要添加任何解释，也不要随意贴标签。

转换故事　方法 2：
找出或创建反证

当你在生活中找到反证，证实事情并不总是按照问题型故事中的过程发展时，问题型故事的影响力就会削弱。或者你也可以直接与故事对着干。当我开始采取行动，让我的行为不再顺应"我很害羞"的故事演绎后，我发现自己越来越不相信"我是个害羞的人"这一故事。

一名女士在约定好与丈夫一起做婚姻治疗的日期后，决定提前与治疗师见一面，告知治疗师她的想法。她告诉治疗师她想要离婚，她同意来做婚姻治疗只是为了平息丈夫的焦虑。她知道她与丈夫的婚姻已经没救了，因为她认为她丈夫是个"软骨头"。他完全没胆量（她其实用了一个更粗鲁的说法）在争吵中回应她，甚至在争吵时不敢和她待在同一个房间。因为她丈夫极度害怕她会离开自己，因此在她发火时，他会想尽一切办法平息她的怒火：他会在她去上班时，把家里里里外外打扫得干干净净；会让孩子们把各自的屋子收拾干净；他还常常在妻子上班时偷偷烤好甜品，并在争吵时给妻子一点甜品来停止争吵（我知道有些女士读到此处时会很想要这位男士的电话号码）。但这位女士非常想要一个能和她正面交锋的男人，愿意据理力争的男人，而不是这么个软骨头。她很确信她丈夫绝不会成为她想要的那种男人，因此她告诉治疗师她希望离婚。

她回到家后，告诉了丈夫这个打算。当然正如你所料，她丈夫恳求她重新再考虑考虑，并且惊慌恐惧地给治疗师打了个电话，询问治疗师自己要怎样做才能让妻子回心转意。"她对你抱有成见，认为你是个软骨头。"治疗师说道。"这我知道啊！"他有气无力地回答道。治疗师建议道："我能给你的唯一建议，就是从现在开始到你们俩同时来做治疗前，你在你妻子面前的所有表现都要以摧毁她对你的成见为目标。"他同意为此尝试一下。

当他俩在几周后一同前来治疗时，他们讲了那天之后发生的事情。一天晚上，他俩为某事起了争论。像往常一样，丈夫试图避开争吵，并安抚妻子，最终他让妻子安静一分钟并闭上眼睛，他为她准备了惊喜。正如妻子所料，丈夫去了厨房几分钟后拿来了一个香蕉奶油派。然后出乎她意料的是，丈夫把香蕉奶油派直接砸到了她脸上。

她目瞪口呆地坐了一分钟，然后大笑了起来，接着她丈夫也大笑了起来。妻子告诉治疗师她从未想到丈夫有胆对她做那样的事情，也因此她认为两人的婚姻关系有转好的希望。之前，她一直认为丈夫是个软骨头，生来就是软骨头，是基因决定他会活成软骨头，到死也是个软骨头。但现在她开始意识到丈夫只是做事容易服软，并且他能改变这一点。当然被奶油派砸脸也不是她期待的结果，因此治疗师开始与这对夫妇探讨妻子到底想要什么样的丈夫，丈夫要怎样做才能说服妻子不离婚。接下来的一周，根据妻子的要求，这对夫妇吵了一架，争吵中丈夫承诺不再试图平复妻子的情绪或用任何方式维持和睦，同时丈夫还承诺要在争吵中与妻子针锋相对，这对丈夫来说确实很难，但并不是不可能。

我有个朋友在成长的过程中一直以为她被领养，是因为她的生母在她婴儿时期便遗弃了她。她得知当自己还是婴幼儿时，是在五个不同的寄养家庭中度过婴幼儿早期依恋关键期的。因此当她成人后在感情上遇到问题时，她认定自己有"遗弃心结"——这也是导致她无法拥有和谐感情的原因。多年后，她联系上了她的生母，但她的生母却给她讲述了一个与她的想象反差很大的婴幼儿阶段。她在寄养家庭生活时，她的生母经常去看她，给她喂饭，和她说话，还试着找出获得她监护权的方式。最终，由于她的生母太年轻，不得不向自己的父母以及领养机构妥协，极不情愿地同意了让他人领养自己的孩子。听到这个新说法后，我朋友说她感到脑中有齿轮在不停地研磨，有关她是"没人要且没有早期依恋关系的孤儿"的故事也随之土崩瓦解了。

（方法 2 总结）

找出或创建反证

找出没有顺应问题型故事发展的反证，或直接向问题型故事发起挑战。

练习 2：挑战你的问题型故事

写下你自己或你当前面对的问题的所有相关故事。你可能得找个朋友聊一下，以便帮你识别出这些故事。由于这些故事长久以来一直与我们自身相依相伴，有时我们仅靠自己很难理清。

例如，你的故事可能是你觉得自己很蠢，没法学习新事物；或因为被性虐待过或离过婚，你觉得自己是个坏人。

接下来，列出任何能够挑战这些故事或与这些故事相反的证据。

要挑战以上故事，你得提醒自己，你去年学会了直排轮滑，你知道（美国）各州首府的城市名，或你有一些朋友虽然遭受过性虐待或离了婚，但你觉得他们都是好人。

转换故事　方法3：
要明白你自身和你的故事是两码事

人们往往过度认定自己的问题，从而开始认为自己本身就是个问题，而其他人（的态度／表述）可能会加深这一观念。心理治疗师和医生常用简短的描述来指代自己的访客或病人，比如说：我治疗了／正在治疗几名抑郁症患者，或我擅长治疗糖尿病患者。这种简短的描述有时会把一个故事变成一个很难揭除的标签，因为这些人的身份不仅仅只是抑郁症患者或糖尿病患者，他们也可能是教师、父亲、母亲、兄弟、机修工、医生、渔夫、友善有趣的人等等。

在本章前文的一个小节中，我描写了我向自己"害羞"的故事发起挑战的过程，我认识到害羞并不是一种固定不变的状态，我并不是余生都得活在害羞的状态里。后来，我又以同样的方法应对了在之后的生活中经受的"抑郁"。我开始思考可能我只是在"行为上"抑郁，并不是我本身"患有抑郁症"。这让我能自主地开始做"不抑郁"的事情，而我也从中发现做这些事情能减少我的抑郁情绪。

（方法 3 总结）

要明白你自身和你的故事是两码事

挑战和改变你的标签。提醒自己不要在你的故事中迷失自己。

练习 3：挑战和改变你的标签

写下你钉在自己身上或他人钉在你身上的无益标签。

例如：你可能被认为是个易冲动的人。

现在写下你身上的所有特质，这些特质要能提醒你这些无益或直言的标签所定义的形象，与你本身并不相符。

例如，要挑战上文列出的示例，你可以写下不管在任何情况下，你都忠诚待人，与人们并肩站在一起。你也可以写下你在购买大宗物件时总会先仔细地搜查相关信息。

转换故事 方法 4：
创建富有同情又有所助益的故事

本小节列出了两例更为有益的故事，故事中饱含同情心和可能性，你可以参考，以创建有关你自身、你的问题情景或有关他人的同类型的故事。

在视作无效型或责怪型故事里，我们用在自身或我们的处境中最常见的一个词语之一就是"应该"。心理学家阿尔伯特·埃利斯（Albert Ellis）针对此创造出了一个新短句："别再被应该裹挟了（Stop shoulding on yourself）。"当你告诉自己应该有这样的感受或那样的行事风格时，你很可能会产生不好的自我感觉。

因此即便你觉得你应该有另一种不同的感受或另一种不同的行事风格，也不妨尝试告诉自己，自身的各种感受都是正常的，以自己的风格行事也是没有问题的。

我的一位心理治疗师朋友曾遇到过一位访客，她在第一次心理治疗期间止不住地从开始差不多哭到结尾。最终，我朋友才在这位访客哭得大喘气的间隙听出了一点问题的症结，这位访客当时呜咽着说："我是因为我的马才来做心理治疗的。"

他紧接着问道："你的马怎么了？"

她抽抽搭搭地说："死了。"

他立刻说道："请节哀。"

"我的马是两年前死的，自那时到现在我一想到它就很悲伤。我太想念它了。我丈夫说到现在我应该已经放下它了，朋友也说我到现在还在因一匹马而悲伤真是太傻了，医生还尝试过给我镇静剂，让我不再这么难受。但我似乎完全没法不感到悲伤。"

"嗯，是谁规定你必须在两年后停止悲伤呢？"我的心理治疗师朋友接着说道，"不管是为了一匹马或是一个人，你想难受多久都是可以的。每个人都有不同的方式表达悲伤，每个人都有不同的悲伤期，没有人知道另一个人适用哪种悲伤方式，该有多久的悲伤期。"

这位女士止住了哭，惊讶地抬起头说道："你是说我为我的马感到伤心是正常的吗？"

"当然是正常的。"我的朋友答道。

"谢谢你，你想看看它的照片吗？"

"好啊！"我朋友说道。

就这样他们把那天剩下的心理治疗时间都用在了看照片上，而那位女士也在看照片的过程中追忆了她与自己的马一起度过的美好时光。她落了几滴泪，但并没有像她在家里和刚才那样哭得泣不成声。第二次心理咨询时，她谈到，她已经告诉了自己的朋友以及她丈夫，她完全有权利感到悲伤，并且只要她感到有悲伤的需要，她就会释放自己的情绪，不管（离自己的马去世）多久都是如此。她还说她近来哭泣的次数已经比之前少了，有时想起自己的马也能平静地看待它的离世。在这一案例中，重点不是她无法改变自己的悲伤情绪，而是她的悲伤感受在之前被判定为无效。更重要的是，应该由她来决定到底要什么时候才能不悲伤，最终放手往前看。

对于自己的感受和真实的自己不宜太过严苛，这一点很重要，如果由于患有糖尿病或有抑郁倾向，你就苛责自己，这不仅不会为你的情况带来一点改善，还很可能让事情变得更糟。这一点用在你看待他人的方式上也同样适用。

在我成长的过程中，我父亲常常塞给我五美元，并对我说："给你五美元，不要告诉你妈妈。"这是因为我母亲认为父亲在给（孩子们）零用钱上太大方了。我后来在生活中回想起这件事时才意识到，这是父亲用自己的方式在对我说"我爱你"。而和大多数人一样，我更喜欢通过直接说出"我爱你"以及通过拥抱来表达爱意。但我同时也明白了这是父亲表达爱意的方式。明白这一点后，每次我父亲再给我钱（他从没改掉这个习惯）并对我说"不要告诉你妈妈"时，我会在脑中自动把这句话翻译成"儿子，我爱你"。

当我父亲第一次被诊断出患有癌症时，我给他打了通电话。在通话快结束时，我说："我想让您知道，我非常感激您作为父亲为我所做的一切。爸爸，我爱您。"我父亲很快回答道："是啊，我爱你们所有的孩子。"我耸耸肩，意识到直接表达一点爱意对父亲来说是多么不自在。

在我父亲与癌症抗争的第三年也是最后一年里，他来到了我上大学的亚利桑那州，但过了不久他的病情就加重了，不得不返回内布拉斯加州。我和他坐在机场候机室里，我们都知道这可能是我们最后的相处时间，我转身面对他并说：
"爸爸，我爱你。"我父亲别开脸说："嗯，我爱你们所有的
孩子。"我看着我父亲的眼睛，放缓语速重复道："不是这
样的，爸爸，我想确定你听到我说的话了，我说我爱你。"
我父亲哭了，我们拥抱在一起，他在我耳边轻声说了句"我
爱你"。

　　我父亲最终学会按照我的方式感知爱，甚至即使他没有
说那句"我爱你"，我仍然知道他爱我。我明白"这是五美
元，别告诉你妈妈"也是爱，我并没有批评他表达情感的方
式单一，而是对他表达自己的方式感到同情，同情他受家庭
以及文化的影响，从来没有直接表达过爱与情感。要具备同
情心并接受我父亲的表达方式，我得抛开负面故事，例如，
他应该能说他爱我，或他太冷淡了，或说"我爱你"让他感
觉没有安全感。

　　在任一争吵中，如果你能开始设身处地地考虑和你争执
的人到底如何看待争吵，以及他 / 她在争吵时的感受，如
果你运用同情心，你的语气很可能会更平和，言语也会更
友善。

（ 方法 4 总结 ）
创建富有同情又有所助益的故事
以富有同情和可能性的故事描述自己、自己的问题以及他人。

练习 4：找出一个富有同情心的故事

下一次，当你因自己的行事风格或感受而感到愤怒或开始苛责自己时，想象你有一位充满关爱和同情心的朋友在和你谈论你的感受或你的为人。这位朋友会说出哪些深富同情心的话？

这一点也是我们将在第八章拓展讲解的一点，即运用"解决导向式精神信念"来解决你的问题。

打开问题之锁的第 6 把钥匙：
将"问题型故事"转变成"解决型故事"

方法 1：坦然接受和详细叙述

不要评价、评判或解释问题情景，只需要坦然接受你的经历以及问题情景中的事实，对其进行详细叙述，而不是笼统地描述。

方法 2：找出或创建反证

找出针对无益故事的一些反例。

方法 3：要明白你自身和你的故事是两码事

提醒自己，不管你有怎样的故事，这些故事都不能完全代表你。

方法 4：创建富有同情又有所助益的故事

以更友善、更温和的角度看待自己、他人或你自身的情况。

第八章

超越自己
解决导向式精神信念

> 有时我会怜悯自己，但自始至终徐徐清风都吹
> 拂着我的灵魂穿越苍穹。
>
> ——（印第安）欧及布威族（Ojibway）格言

我曾读过一个故事，讲述了一名男士为应对父亲去世带来的打击去寻求精神上的帮助。在此之前，他都能从常人的角度出发应对生活中的一切，但不知为何，应对父亲离世的打击超出了他的能力范围，他无法接受父亲离世，悲伤得不能自已，感觉自己将背负这种沉重感度过余生。一段时间后，他意识到既然自己无法以常人角度应对，那唯一能够获取安宁、继续生活的方法，就是寻求超越自身的力量的帮助，即"精神信念"（spirituality）。

"精神"处于个体人格之上，它有多种称谓，也能通过各种各样的方法获取。有人名之为"高层自我"，有人信之

为"宇宙",还有人呼之为"自然之力"。但所有这些名称都是在指代超越了我们渺小孤立的自我的某种力量。

我听说过一位在得克萨斯州长大的女士的故事。当在生活中遇到烦恼时,她就会去找她的祖母倾诉。她的祖母住得很近,总能说些宽慰她且传达智慧的话语。有一天,她又对着她祖母抱怨一些生活琐事,她祖母转过身,苦笑着对她说:"宝贝儿,有些时候在生活中,你得超越自身看问题。"我在应对生活中的难题时,多次以这个充满智慧的建议激励自己。而"精神信念"就是超越自身的一种方式。

本章中,我们将具体讲解获得精神信念,以及利用精神信念助力应对和解决问题的方法,即"解决导向式精神信念"。

打开问题之锁的第 7 把钥匙:
利用精神信念超越问题或解决问题

精神信念 方法 1:
找到获得精神信念之途径

"精神信念"是指超越"小我"或个人的一种力量。任何能让你体验"大我"或跨越个人思维局限性的事物都可以构成"精神信念"。但如果你对这个词无感或认为这个词隐含负面含义,那就只把它看作能让你超脱日常观念局限,并让你对自我以外的事物产生联系的任何一种力量。下文列出了七种获得精神信念的途径，可以让人与"超越自我"的力量联结到一起。任何一种途径都能发挥作用，但有些途径可能对你不起作用或无法吸引你，有些途径可能是你以前使用过的方法。如果你还没有通过这些途径获得精神信念，那不妨选择一个或几个对你有吸引力的试上一把吧。

途径 1：联结你的深层自我

这一途径需要进入内心的最深境界，这一境界常被称作"灵魂、内在智慧、潜意识或直觉"。这一境界显示的是个人与其自我之间的关系。人们可以通过冥想、沉思或其他倾听内心的方式达此境界。日常生活的喧嚣嘈杂让大多数人无法与自己的灵魂对话，因此对大多数人来说，在宁静的环境中沉思是联结深层自我的必要方法。

途径 2：以身体作为联结媒介

人们可以利用身体动作来获得精神力量。有些人发现舞蹈、性爱、运动、吃顿美餐、唱颂、瑜伽或其他身体活动能让他们获得超脱自身的感觉。

玛丽·奥丽维（Mary Oliver）写的《野雁》（*Wild Geese*）是我最喜爱的诗集之一，书中提及了这一途径：

"你不必样样做到最好……你只要让柔软的身体爱它所爱。"

我很珍视这个意象：柔软的身体。"你只要让柔软的身体爱它所爱"，这句话有力地道出了利用身体媒介能让人找到精神力量并与之联结。

途径 3：联结他人

在一对一的亲密关系中，有时当我们与他人联结时，如一个小孩、一个朋友、一个伴侣，甚至偶遇的陌生人，我们会由此跨越了自身微不足道的烦恼，找到一种超脱自身的联结感。神学家和哲学家马丁·布伯（Martin Buber）将此称为"我-你关系"（I-Thou Relationship）。这种"我-你"联结和我们与他人通常的相遇截然不同，我们在这种联结中真真实实全身心地感受到了另一个人，这个人不单单是我们脑海里构想出的一幅简笔画或夸张漫画，也不仅仅是一个满足我们需求的对象。

我记得当我儿子帕特里克出生时，我感觉好像心里的"父爱消防栓"被打开了，从中源源不断地涌出父爱来包裹他。在那一刻我就知道如果真有某个极端的情况出现，我愿意为了他付出自己的生命。在这一父子关系中，我毫不费力地就抛开了对自身的考虑。

我有个来访者，找我做心理治疗有段时间了，她在幼年时曾遭受严重的性虐待。她勇敢坚韧地应对着生活中的艰难，我深感佩服，并对她关怀有加。但她对自己非常严苛，常常由于一点小错而严厉地苛责自己。她觉得自己是个坏人而无法接受自己。当她对我说着她的行为是怎样差劲糟糕时，我的眼里涌起泪光，因为我所看到的她是个真实友善的人，但她却意识不到这一点。她看到我流泪后停了下来，带着真切的担忧问道："你怎么了？"我对她说，如果有一刻她能从我的眼睛里看她自己，她就绝不会再把自己描绘得这么可恶。她有点震惊，我们静坐了几分钟，她的双眼也开始因我眼中的泪光而泛起点点泪痕。几周后，她告诉我那次咨询中，在那一刻她看到了我眼中的她。在那一刻，她瞥见了一丝可能性：或许她并不是个坏人，或许她甚至是个善良可爱的人。自那一刻以后，每当她苛责自己的旧习惯开始冒头时，她内心深处会产生抵触，不再相信这个旧习惯里刻画出的糟糕形象。

途径 4：与社区联结，与为世界做出贡献的事业联结

大多数人因共同的热情而加入志同道合的组群或社区后能找到精神力量。感受到融入一个组群能让人找到一种大过自身的集体感。

一名年轻的女士由于抑郁和自杀冲动而进出精神病院好几次。每次进了医院后，她的抑郁症状都会减轻，自杀冲动也会减弱。后来，在她第三次入院后，一名医护人员注意到了她的这种反复模式，并问她到底是什么原因使她一到医院病情就有所好转。"因为（到了医院后）我就不再那么孤单。

当我一个人独处时，各种抑郁的想法就会占据我的大脑，我感觉没人会关心我的死活。而我到了这里后，我知道有人会照看我，我也不那么孤单了。"她如此答道。这位医护人员联系了慈善机构的人过来看望这位女士，他们还邀请这位女士去他们的机构转转，那里有很多与年轻人相关的活动。她开始参与活动后就没再入过院。

有时，致力于为社区或地球做贡献的"大我"事业也能给人带来精神动力，让人内心宁静。诗人赖纳·马里亚·里尔克（Rainer Maria Rilke）说过："如果我无法飞行，其他人会找出方法飞行。神灵只想要有人会飞行，至于最终谁会飞行，那得看他届时有没有一丝飞行的兴趣。"有些人，如特蕾莎修女，她感受到召唤，肩负起了为他人奉献的伟大使命。这些人感知到神灵选择让他们绝尘而飞。

途径 5：联结大地和自然

有些人发觉身处自然能让他们有升华与重生之感。有研究表示，如果员工所在的办公室能看到自然景观，员工通常能更有效率。感受自然是不是你联结精神力量的方式？能不能让你重获使命感和大局观？

一名男士为了事业而精疲力竭。他全职上班的同时也在学校攻读高等学位，还与妻子养育着两个孩子。作为监护人之一，他答应了去参加儿子两周的露营活动，其间还要应对多出的各种义务和活动量。当他意识到这一点时，他全身都开始抱怨了。然后，他转念一想，起码可以短暂地逃离工作。

活动第一天特别难熬，他的思维一直没离开工作，没离开他的各种职责。但到第一周末尾时，即使之前每天都满满当当安排了各种剧烈的体力活动，而且他的身体还严重透支，但他却感觉自己的精神状态焕然一新且精力充沛——身处自然以及体力劳作让他找回了活力。

两周后，他暗自发誓以后每个月要至少抽出一天去徒步感受大自然。他遵从了这个计划，并且还带着轻松自然的心态和十足的劲头取得了攻读的学位。

途径 6：参加艺术制作或艺术鉴赏

你见过有人忘我地沉浸在艺术中吗？在艺术馆里，这些人站在某幅画作前，不自觉就落下泪来。或听歌剧时，他们的情绪随着表演而陶醉狂喜。文学著作、绘画、雕塑、戏剧、电影、摄影、舞蹈和音乐，早已被人们用来调剂日常生活，人们从中获得喜悦或蜕变。无论是创作还是欣赏艺术家的表演或作品都能让人享受其中。

有好几部电影细腻地展现过，犯人在恶劣的监狱环境中受尽折磨，但通过在监狱的乐队中演奏或在合唱团中演唱而超脱自身困境，从而在监狱中生存了下来。艺术能让我们脱离当前处境，直达另一境界。

途径 7：联结更高力量

我读过一个关于"匿名戒酒会"起源的故事。在匿名戒酒会成立前，一位创立者的熟人正在接受著名精神科医师卡尔·荣格（Carl Jung）的治疗。这位男士是一位长期饮酒并有间歇性重度饮酒行为的酗酒者，他非常崇敬荣格给出的指导以及荣格的智慧。但过段时间后他又疯狂酗酒了，于是他预约了荣格医师，并在见面时绝望地询问到底有没有办法能帮助他改掉酗酒的陋习。他的生活快要被酗酒给毁了，即便他很想戒酒，却无法办到。荣格摇摇头，并告诉这位患者他无法治愈任何对酒精严重上瘾的患者。荣格说道，事实上在他知道的案例中，没有一例心理治疗案例治好过这样顽固的酒精上瘾问题。连著名的卡尔·荣格都无法给他鼓励或希望，这位患者当时绝望得快崩溃了。"有没有什么事情还能有点帮助的？"他恳切地问道。"对你这样的情况，据我所知唯一还能有点帮助的，是全身心地皈依上帝。"荣格说道。而后来成立的匿名戒酒会的"十二步项目"正是出于这一经历——十二步项目包含了要臣服于"更高力量"，以此作为获得（滴酒不沾的）清醒状态的重要途径。

途径 7 也包含"以强有力的体验式（不仅仅是理性的）方法与自身以外的更高力量构建联结"。这一途径涵盖诸多联结方式，一旦你开始专注于这一途径后，你会看到你周围的人其实在以不同的方式与更高力量联结。

方法 1 总结

找到获得精神信念之途径

让自己与深层自我、自己的身体、他人、社区、自然、艺术或更高力量产生联结。

精神信念 方法 2：
利用过往、现今或将来获取你的精神信念

你可以在过往、现在和未来中搜寻精神上的解决方案和资源，帮助解决眼下面对的问题。

从过往获取精神信念：
记住过往的精神体验和精神联结

本书第二章探讨了解决问题最有效的方法之一，即回忆之前事情出现转机或你解决了问题的情景，并再次利用此前带来转机或解决问题的技巧。你可以将同样的理念用来再次获取精神信念。以下问题有助于你在过往中搜索解决方案。

- 你是否曾有过精神信仰或精神实践？
- 它们有没有给你带来过帮助？
- 你是否曾感知到与自身以外的事物构建联结，如自然、他人或宇宙？
- 如果有的话，让你触动最深的精神体验是什么？

从现今获取精神信念：

识别现有精神资源和解决方案

现在，从你当前的生活中搜索获取精神信念的方式，以下问题会有助于你专注搜索。

- 当你有闲暇时，做哪件事或去哪个地方能让你又一次精神焕发？
- 你喜欢哪些艺术活动？
- 你会怎样与他人搭建联结？
- 你觉得你是因某种使命而生活于世的吗？如果是，你的使命是什么？
- 你认为是否有某种精神信念，能对你现有的处境有所帮助？

从未来获取精神信念：

创建面向未来的精神希望和精神意向

如果你从过往或当前的生活中都找不到获取精神信念的方法，你可以利用未来在当下创建新的可能性。要创建一个深深吸引你前往未来获取的精神信念，你可以先问自己以下问题或与之类似的问题。

- 你是否有想进一步发展的某种内心生活领域或精神生活领域？
- 你是否想要将某个精神人物当作自己的模范？在哪方

面作为你的模范？

利用过往、现今或将来获取你的精神信念

在过往、现今和未来搜寻精神上的解决方案和资源用于帮助解决眼下的问题。

精神信念 方法 3：
培养同情心、服务之心和信仰

唤起对他人及自身的同情心并常怀之

同情心和服务之心是大多数精神传统的基本理念。我把同情心定义为"对他人的遭遇深切地感同身受，并有给予援助、支持或表示怜悯的意向"。我们大多数时候都在评判或评估他人，但那些深受我们敬仰的伟大的精神人物，如马丁·路德·金和圣雄甘地，都身怀宽容之心，不做批判。

当经受过悲剧或困苦后，我们大多数人会发展出同理心，会对经受困苦的人展现同情。在日常生活中，当我们有可能不自觉地回到批判模式时，保持这种同情心就显得尤为关键，尤其是在面对艰难情况时更是如此。

练习 1：常怀同情之心

当然，我已经为你准备好了解决导向式的练习。回忆某个你特别需要理解和同情的时刻，在那一刻你希望别人如何宽慰你？你希望他们如何理解你？在那一刻，哪些话或怎样的语气最能抚慰你，最能给你带来帮助？有哪些举动可以舒缓你的情绪？或许在那一刻，有人向你表示了善意、理解或同情，让你感受到了温暖。那么这个人当时做了哪些事情让你有了温暖的感受呢？

现在，思考一下：你将如何把你所接收到的同情，转移到此时此刻在你身边需要它的人身上？这个人可以是你的老板、你的孩子、你的伴侣、你的朋友或你身边的陌生人。

当然，在第七章的开头我已经说过，这种同情也可以运用在你自己身上。如果你正身处苦闷，你会如何把这份同情用来应对你在生活中面对的苦楚？抛开你平时尖刻的批判或自我苛责，此时你会对自己说哪些充满怜惜宽容而不带批判的话呢？

服务之心

这是生命中真正的喜悦：当生命被完完全全用于实现你所认为的崇高目标，当生命作为一种自然的力量而不是狂热自私的疾病交缠的集合体与委屈不满的载体，也不是用来抱怨世界没有努力使你快乐的媒介。我认为我的生命属于整个共同体，只要我活着，我有幸为整个共同体尽我所能。我想在我死的时候把自己彻底消耗光，因为我工作越努力，

我就越鲜活。我为生命而欢欣鼓舞。生命对我来说
并不是一截香烛，而是我手中紧握过的一个熊熊火
炬，我想让它恣意明亮地燃烧，然后再交给后来人。

——乔治·萧伯纳（George Bernard Shaw）

我在写这本书时，我的妻子正身患可能致命的重疾。在
我成长的家庭里有这样一条不成文的规矩：不要生病。我母
亲是一位坚毅的农家女，尊崇美国中西部价值观——除非你
是动弹不得了，你必须每天起床去工作或上学，即便是感冒
发烧喉咙痛也是如此。当孩子生病时，我母亲只会让病得不
能下地的孩子待在家。而一旦生病在家，我们只能待在床
上，不能看电视、阅读或有任何娱乐活动。因此，你真的得
病得很严重才能忍受这种极度无聊的状态。我母亲会让我们
独自待着等待病愈，每隔几个小时她会把头探进卧室看看我
们是否需要喝点水或吃点东西。因生病而待在家的孩子的任
务是尽快好转，因此她让我们独自应对。

我长大后很少生病，而一旦生病，我就想一个人待着
直到病情好转。我也用同样的方式对待和我一起生活过的伴
侣。她们中有些人的成长环境和我不同，因此对于在她们生
病时我让她们独自恢复感到非常不满。我那时很没有同情
心，因为我的思维方式形成于童年的经历，看起来非常不友
好。"你的任务是尽快好转，不要像个懦夫。你不该因为生

病而得到奖赏，这样你会形成生病的习惯。"

因此，当我的妻子病得奄奄一息，需要我为她做好每顿饭，而且我还得干所有家务活，支付所有账单，为了养家挣钱而承担其他责任时，我不知道就我在原生家庭中形成的病患概念，我能不能坚持得了。我得在半夜从沉睡中醒来帮助虚弱得不能自理的妻子如厕；我得收拾干净她的呕吐物或她掉在地上的食物或饮料；我得在她担忧无法好转时给予她柔情宽慰，在她感到全身痛苦不堪时百般抚慰。

我发现当怀揣服务之心后，我能全心全意并充满爱意地做这些事。这成了一门仁与爱的学科，我和妻子都从中获益良多。照顾我的妻子以及料理家务让我体验到了谦卑，我分外感激能有机会为遭受痛苦的人和我爱的人献出自己的服务，做出一点贡献。我"超越了自身"，摒弃了刻入我童年的病人照料方式。

服务他人会产生一种矛盾效应，即提供服务的人得到的益处与接受服务的人一样多，甚至更多。同样矛盾的是，如果服务他人只是为了获取个人利益，那你就得不到服务他人的真谛。你必须心无杂念、不带私心地服务他人，只有这样你才能获得丰厚的个人回报。

练习 2：服务他人

任何时候当你发现某个问题反复纠缠你的生活时，不妨开始制订计划，为你生活中或社区里需要帮助或陪伴的某个人做些实事。下一次你的问题又出现时，将你用于应对问题的时间用来做这些服务他人的实事。

信仰

> 勇气不是俯瞰风暴来来去去的参天橡树，而是开放在寒天雪地中的柔弱花朵。
>
> ——艾丽斯·麦肯齐·斯威姆
>
> （Alice Mackenzie Swaim）

诗人大卫·怀特（David Whyte）曾谈到过信仰，即当生活陷入困境时，仍然坚信黑暗会过去，光明会再一次到来。他开玩笑说，如果月缺夜浓后我们就按下生活的停止键，这实在是很傻，就像这时有朋友给我们打电话，我们接通电话说："不好意思啊，月缺时分我不做事的，得等到月圆时再说。"信仰是当情势有加重迹象时仍然相信一切都不是毫无希望，也不会永失一切。保持信仰意味着坚定信念，不断前行，直至渡过难关。

在电影《印第安纳·琼斯之圣战奇兵》（*Indiana Jones and the Last Crusade*）中有一幕，因迪（Indy，印第安纳·琼斯的昵称）遵照古书中记载的指示寻找圣杯。这些指示里充满了谜题，寻找圣杯的路途布满了凶险，但因迪总能死里逃生，避开所有陷阱，直到找到最终线索。他知道要拿到圣杯得跨越一条他不能跨过的深渊，而深渊下是几千米深不见底的峡谷，但书中的指示要求他坚定信念，走向圣杯，上帝会及时施予帮助。因迪没事是绝不会拿自己的生命去测试古书指示的真伪的，但这一次他拿不到圣杯就不能回去，所以他闭上双眼迈开腿走向了深渊，让他震惊的是，他只下落了一小段距离后就停在了深渊上——他并没有掉下深不可测的峡谷！于是他快步走过深渊，之后，捡起一些石子扔向了身后开阔的深渊，石子落地，一座隐藏的桥露出了踪影，原来这座桥经过伪装，完全与深渊的外观融为了一体。因迪继续前行，最终拿到了圣杯。

信仰亦如此，即当所有的现象都直指无望后，一个人还能秉持信仰，选择迈入深渊。就是这种信任让人在身陷绝境后能脱困而出。"一切都会过去的。"这句话凝聚了古人的智慧。格拉迪丝·泰伯（Gladys Taber）在她的书《斯蒂尔梅多之路》（Stillmeadow Road）中写道："我认为人也有自己的四季，那些经受苦闷生活的凄风冷雨、内心的风起云涌，而仍然身在其中安静等待着明媚四月的人，身上有种无法隐藏的坚毅。"

练习 3：与信仰联结

回忆某次情形：一切看似毫无希望，或某些可怕的消息，或你的人生发展急转直下，让你无比恐慌，但最终情况好转，完全超出了你的预料，你挺了过来。也可能是，你认为可怕的事情并没有你当初想象的那么可怕，或者事情本身很可怕，但你学会了如何应对，事情朝向了最终对你更有益的方向发展。

当问题再次出现时，提醒你自己这段过往经历，并保持信仰。

方法 3 总结

培养同情心、服务之心和信仰

唤起对他人及自身的同情心并常怀之；心无杂念、不带私心地服务他人；保持信仰，坚定信念，不断前行，直至渡过难关。

打开问题之锁的第 7 把钥匙：

利用精神信念超越问题或解决问题

方法 1：找到获得精神信念之途径

途径 1：联结你的深层自我。

途径 2：以身体作为联结媒介。

途径 3：联结他人。

途径 4：与社区联结，与为世界做出贡献的事业联结。

途径 5：联结大地和自然。

途径 6：参加艺术制作或艺术鉴赏。

途径 7：联结更高力量。

方法2：利用过往、现今或将来获取你的精神信念

记住过往的精神体验和精神联结。

识别现有精神资源和解决方案。

创建面向未来的精神希望和精神意向。

方法3：培养同情心、服务之心和信仰

第三部分

将解决导向式疗法应用到具体的生活领域中

从第九章到第十二章,你将了解到如何在具体的生活领域中运用解决导向式方法,这些生活领域包含感情关系、性生活,以及任何对你当前的生活产生了影响而亟待解决的问题。

第九章

爱上一个仇视女性的男人，陷入共同依赖关系 ① 的灰姑娘

解决导向式感情关系

我们只能指责一个人，那就是我们彼此。

——包比利（Barry Beck），来自"纽约游骑兵"

（New York Rangers）冰球队，针对某个人在

美国冰球联盟（National Hockey League）

"斯坦利杯"（The Stanley Cup）季后赛中

引发争执时这样评论道

在一次家庭聚会中，当一位客人知道有心理治疗师也受邀参加了聚会后，她很快找到了心理治疗师并开始讲

---

① 共同依赖关系是指一个人需要另一个人的肯定和依赖，才能找到自己的价值和身份认同，简单来说，就是一个人依赖着别人对自己的依赖。为了维持他人的这种依赖，共同依赖关系中的照顾者会不惜牺牲自己的快乐和健康，来满足他人的需求，成为关系中的"殉道者"。一段共同依赖关系中，往往两个人都既是受害者，又是同谋：一方依赖另一方，另一方则依赖"对方对自己的依赖"。——译者注

述她的婚姻问题："他是个酒鬼，而且还仇视女性。我是个在酗酒者身边长大的子女，我还有共同依赖症。我们总是争吵不断。你认为有什么方法能帮助我们解决婚姻问题吗？"心理治疗师被这种陈词滥调的问题描述搞得有点不知所措，这些问题描述听起来像是出自自助类书籍，于是心理治疗师笑了笑说道："我一直想写本书，书名叫《过度阅读的女人们》（*Women Who Read Too Much*）。"这位女士大笑着说："那我很可能也会去读这本书！"

感情关系中的问题源于分析、责备以及语意不明

当感情关系遇到问题时，大多数人会倾向于分析原因。遗憾的是，分析出的结果通常显示是对方的问题，这也通常会导致相互指责与相互误解。

我做过很多婚姻咨询（我的学位包含婚姻和家庭治疗专业）。我记得当《依恋：为什么我们爱得如此卑微》（*Men Who Hate Women and the Women Who Love Them*）一书首次出版时，就有一对夫妇来到我的办公室。女方会告诉我她读了这本书后，很受启发，她觉得这本书很有实证性，书里的内容也验证了她与丈夫的婚姻关系。然后她将这本书给了丈夫，暗示他读一下这本书，了解一下他们的婚姻中存在的问

题（言外之意：是他的问题）。可以猜测得到，男方并不会以正面的态度来对待这本书，他要么对此很生气，要么取笑这本书，要么就是忽略这本书。接着女方就会很确定她对两人婚姻关系的诊断是正确的：丈夫就是个厌恶女性的男人。与此同时，两人的婚姻关系非但没有得到一丁点儿改善，恶化程度反而还上了一个台阶。

正如在之前的章节中讨论过的一样，以分析的方式来解决感情问题，大多数时候并不能真正带来解决方案，它只会针对"哪里出错了"给出解释或故事，并不能激发爱意，不能挽回逝去的缱绻，也解决不了长期的争执。弄清楚你和你的伴侣分别来自哪个星球并不总能帮助你俩融洽地适应地球生活。

我们在解决导向式疗法中采用的方法则与此不同。你可以将其中的原理用于你的恋爱关系、性生活、家庭生活、工作生活、业务往来以及你的朋友关系上。

再次回到"坦然接受"这一话题

做了超过二十四年的婚姻咨询后，我可以告诉你，我见证过和听到过的婚姻及感情关系中的许多不和都能被规避掉，只要双方中任一人或双方都能静下来理解对方的感受和观点。这并不是指你得同意对方的感受和观点，或认可他／

她的感受或观点是正确的，这只意味着你能够理解、看到对方对事情的认知。

一对情侣打来电话向我咨询。我之前见过男方，因为我曾单独给男方做过咨询，也曾给男方及其前一任伴侣做过几次咨询。这对已订婚的情侣快要结婚了，但两人一谈到选定结婚日期，男方就开始缩手缩脚，犹犹豫豫。当他表达自己的疑虑时，他的未婚妻就会予以反击，然后两人就会争执起来。我在男方之前的关系中见到过这一模式。男方在头脑最清醒时清楚地表示自己确实很爱自己的未婚妻，并想与她结婚，确定这一点后，我要求单独与女方谈谈。我告诉她，她的未婚夫心里还有一些疑虑，如果她能信心十足、平心静气地面对他的疑虑和担忧的话，会有助于解决他俩现在面对的情况。她要做的只是倾听并接受她未婚夫的担忧，而不是与他辩论。她回答说，如果她知晓未婚夫并不是意图结束两人的关系，她会更容易克制自己的言行。在这次简短的咨询后，她能在男方陷入忧虑时为大局着想，从而化解自己的怒火，更好地维护两人的关系。后来，男方婚前恐惧发作过几次，而女方都心平气和地倾听了他的疑虑和担忧，逐渐地，男方的恐惧消失了，两人商量出了结婚日期。到现在，两人已经美满地度过了六年的婚姻生活。

有时，当你静下来，不带评判、不加反驳地倾听，你会发现你并不反对对方的言语或感受，你是往他／她的语言或行为上添油加醋了，或者你是在反击你创造出来的自己的故事，反击你对听到的话或看到的行为中，自己理解出来的言外之意。

汤姆和约翰是对朋友，经常相约一起去看棒球比赛。有一天，汤姆问道："我们为什么总去看棒球比赛？看这么多场比赛，我都厌烦了。"约翰顿时觉得很失望，并说如果汤姆不想一起去的话，他当然可以找其他人。"你当然可以找其他人和你一起去，"汤姆对约翰说，"但我的意思是我们坐在观众席上看比赛，都没有多少时间说说话。我遇到了一些家庭问题，在看比赛的时候找不到机会和你聊，因为周围人太多了，会听到我们谈话，而且你看比赛的时候很投入，我不想打扰你的兴致。"约翰之前的想法是汤姆不想和他一起外出了，但当他明白汤姆只是想找机会聊聊天后，他的情绪就缓和了下来。此前，他并没有听出或理解他朋友话里的含义。

有时虽然你让对方知道你倾听了他所表达的意思，知道对方并不是言语或行为失常，也没有不良意图，理解对方有权有如此感受、感想，或有权做出带有个人特点的行为，你还是不能认同对方传达的意思，但至少这时对方知道你"听懂了"他的意思，现在你们能把精力放在解决引起冲突的问题上，而不再是被倾听的需求上。

任何情况下都不要否定对方，这一点非常重要。即：不要让对方感到，他们的观点、行事方式或感受在某种程度上是不可取的、错误的或可视为无效的。如果你否定了对方，我敢保证你会从对方那里得到让你大伤脑筋的回应。

格雷丝是一家高新技术企业的软件设计师。有一天在员工会上，她提出让公司设计一款新产品的想法。她的老板大笑着说道："那么，由谁来为这款'振奋人心'的幻想型产品提供资金呢？你吗？"那天会后，她厌倦了被否定和轻视，于是给早已向她伸出橄榄枝的猎头打了个电话，很快她得到了一份新工作。她开始在新公司里研发这一产品，并且产品在投入市场后表现良好。

如果你稍加思考，你会发现这些原理可以成功地用到其他诸多人际关系场景里：良好的客户服务从本质上来说始于接受顾客的关注点；真挚友情需要不带偏见的倾听来维护；一家人能和睦相处，需要允许每个人有不同感受并照顾每个人的感受，允许每个人发表个人观点并倾听每个人的观点。通常你会将这些原理运用在生活的某一领域中，而在另一领域则不会采用。例如，你可能将这些原理在工作中用得得心应手，但却没怎么用在家庭生活中。

要和他人成功产生共鸣，接受他人、恭敬地倾听他人只是第一步。接下来，我们要学习相互适应、改变彼此的行为。在感情关系中倾听和接受对方观点对多数人来说很有难度，下个章节将讲解一些简单的技术，用于向对方沟通你期待的改变，而又不会让你陷入被责备与误解的泥沼中。

人际关系问题的解药：
行为描述型话术

　　假设有一天你刚到办公室，你的老板就当面对你说："你太过分了！我不喜欢你的态度，如果你不改变态度的话，就等着被解雇吧！"你可能感到很震惊，但更重要的是，你会从老板的话中知道要怎样改变你的态度吗？可能不会，尤其是当你并不觉得你的态度有什么问题时。你可能会向你的同事们抱怨，或打电话给亲朋好友，告诉他们你的老板在无理取闹，公司的工作氛围实在是太糟糕了。

　　如果你的老板当面对你说的是："这里的工作时间从早上九点开始，你过去几天都是九点半才到。如果下个月里任何一天你晚于九点零五分到办公室的话，就会被解雇。"情况会大有不同。你可能不喜欢你老板说的话，但至少你知道要怎么做才能保住你的工作。

　　当使用"行为描述型"话术时，能让对方明白因何事而不满，之后，对方改变这些行为也会变得更简单，而这才是重点。"行为描述型"话术是指说话时只描述对方做过的或正在做的事情，或你想让他 / 她在未来怎么做。

　　责备类话语通常将重点放在了对方不好的品行或不好

的意图上。而遗憾的是，责备很难让对方改掉这些品行或意图。难道是要让受责备的一方切除掉自己的个性吗？受责备的一方又得怎么改变自己的意图呢？

如果你对丈夫或者男朋友说他是一个厌恶女性的男人，（假设即便他同意你的观点）那他要怎么改变呢？但如果你让他改变在你面前的一些行为，对他来说则更容易些。你可以让他不要再骂你，或你俩在一起时不要垂涎欲滴地看别的女人。而他可以在这些行为上做出改变。

如果你认为你女儿的态度不好，（同样假设她同意你的说法）那她应该有什么样的态度呢？态度是很难改变的。相反，如果她愿意的话，她倒是可以改掉一些行为，比如一听到让她生气的话就随手摔门，或你可以要求她晚上在规定的时间回家，按道理讲，这些行为是她能改变的。

如果你和你的伴侣对同一句话有不同理解或不同定义时，语意不明的话就会让两人产生误解，特别是当你们处于争执中，就会充分暴露出双方的不同理解。此外，在剑拔弩张的争执氛围中，双方通常会以最无益、最尖锐和最愤恨的方式理解对方话语中的含义。诸如"你就是害怕亲密关系""你和你妈一模一样"或"你过分敏感了"之类的话并没有对解决问题带来任何帮助。说出"我们无法沟通"这句话时很少能达到增强沟通的效果。

但如果你的话语里描述的是对方的"行为"，责备的倾向就会减少——因为你没有攻击对方的内在品行或动机，误解也会降低。这也就引出了打开问题之锁的第 8 把钥匙。

打开问题之锁的第 8 把钥匙：
采用"行为描述型话术"解决人际关系问题

我会把这把钥匙细分成几个要点，你可以将这些元素用于处理各种人际关系问题，如你与伴侣、家人、朋友或同事间的关系问题。

行为描述型话术　方法 1：
行为描述型抱怨

采用行为描述型话术的第一种方法，是确切地告知对方你的不满之处，确切到他／她曾经的行为或现在的行为。我将此称为"行为描述型抱怨"。不要提及对方的品行或意图，或你对他／她有此行为的分析解释，你只需要说明你对对方的哪种具体行为有所不满。

行为描述型话术　方法 2：
行为描述型请求

解决人际关系问题的第二步是"行为描述型请求"。在此你不用抱怨对方之前或现在的行为，而是要说明你希望他／她在今后怎么做。不要对你的伴侣说"我不喜欢你的控制欲"，而说"我也想有时换我来握握生活的方向盘"。若说"我希望你等我说完以后再对我话里的重点做回复"，效果则更佳。不要对你的孩子说"你真是个邋遢鬼！你把我当成你的用人了吗？"，你可以换种说法，如"我希望你在离开客厅前把你用过的碗盘放进厨房的洗碗池里"。当你接到电话让你加班时，你可以避免心直口快地吐出"这里的工作一直都毫无规划，我真是受够了"，而是试着提出请求："如果你要让我加班的话，我希望至少提前二十四小时通知我，这样我可以调整我的计划。"

一对夫妻前来做婚姻咨询时已经站在了离婚的边缘。丈夫詹姆斯已经戒了一年酒了，还在继续戒酒中。妻子桑迪曾在詹姆斯清醒时提出了戒酒的要求，不过现在她自己得出结论：酗酒不是两人婚姻出现问题的原因，两人婚姻问题的真正原因是詹姆斯的冷漠和自私。除了他自己，他谁都不关心。"他是不一直喝酒了，"桑迪厌恶地说，"但现在他总是一直在工作，或每晚都去匿名戒酒会，没有一点时间留给我和孩子。"最终，她心灰意冷，在来做这次婚姻咨询的前一个晚上，她告诉丈夫她要离婚。詹姆斯同意桑迪的观点，在酗酒和戒酒的这几年，他确实只顾着自己，但他认为自己是可以改变的。他发誓只要妻子延缓离婚程序，他就会改正自己的行为。他妻子则答应给他一次机会。

　　但两周后，两人却垂头丧气地来做了第二次婚姻咨询。男方认为他尽了全力为妻子和家人改变自己的行为，但妻子却看不出任何改变。我问詹姆斯他做了哪些事能向桑迪展示他不再冷漠自私、只顾自己？"很多事情，"詹姆斯对我说，"但她却没留意到。""那你举个例吧。"我建议道。"昨天，她下班回家，手里抱着一袋日用杂物。我放下手中正在看的报纸去门口接她，从她手里接过袋子，把袋子打开，一样一样地把杂物归整到橱柜和冰箱里。我还为晚餐做好了蔬菜。"

　　我觉得这样的行为是值得称赞的，但桑迪很快纠正了我："如果我想让人帮我拿杂物和做饭的话，我可以雇个帮手。我要的是一个丈夫！我想要我丈夫关心我，和我说话，听我说话。"

　　讨论了一会儿后，我让桑迪教我和她丈夫昨天那种情况要怎样做才能体现出爱她和关心她。她回答说，她真正想要的是詹姆斯在她每晚下班后问问她一天过得怎么样，并用心听她说十五分钟的话。她又说道，夜复一夜，詹姆斯都会对他当天遇到的烦心事抱怨发泄一小时左右，但他从不问自己的妻子当天过得怎样。她说，几年前，他曾这样问过一次，而那天她恰好遇到了糟心事，于是对着他讲了三十分钟。至此，他再也没问过同样的问题。詹姆斯并不认为他从未关心过她每天的生活，但他同意接下来的两周每个工作日的晚上听她讲述十五分钟当天的生活（妻子同意周末给他放个假）。

桑迪对丈夫能不能做到持怀疑态度，但结果证明丈夫确实能做到。当然，这并没有解决掉他俩所有的婚姻问题，但这让桑迪感到丈夫是能做出改变的，因此她能坚持和丈夫一起解决掉其余问题。

行为描述型请求所具备的几个要点让你的请求更容易实现。

要点之一：这一类请求不仅说出了一个具体的行为，而且还让对方明白你希望这一行为在何时或如何进行。"我希望你至少每个月带我出去用三次餐"，比"我希望你多带我出去用餐"更容易获得效果。

要点之二：有时需要在某个情境中具体指出谁应该怎么做。在上述情境中，你的伴侣可能会答应每个月带你出去用三次餐，但应该由谁来打电话给餐厅预订位置呢？由谁来找人临时照顾一下孩子呢？如果你俩是处在约会阶段的情侣，那应该由谁来买单呢？由谁来选就餐的餐厅呢？

一对夫妇来找我做婚姻咨询。女方主要是抱怨丈夫"不尊重她"。男方则不同意这一说法，他相信自己很尊重她。按照"行为描述型抱怨"和"行为描述型请求"的理念，我让女方举一个最近的例子说明丈夫不够尊重她。女方讲到几周前他们参加了一次聚会，聚会上他俩与一群人聊着天，当女方在一个政治问题上说出了自己的见解后，男方嗤之以鼻。显然，女方希望在表达见解时男方不要嗤笑她，但男方要主动采取什么样的行动才能在以后遇到类似的情形时展现对女方的尊重呢？（接下来就得是行为描述型请求了。）她说在她给出观点后，他可以走过来站在她旁边，握住她的手，把手臂搭在她肩上，或者把她介绍给聚会上听到她的观点，但她还不认识的人。所有这些行为对女方而言展现了男方在其他人面前对她的尊重，因为这是他的妻子，即便男方并不同意她的观点，也会尊重她。

行为描述型话术　方法 3:
行为描述型肯定

关注和谈论在处理人际关系问题时正在起作用或起过作用的方法，并将之用于解决问题，这自然会是本节要讨论的重点，不然这一章节也不会被归为"解决导向式"章节了。这是本节内容的第三个行为描述型方法，即"行为描述型肯定"：告知对方他 / 她过去有过哪些行为是令你很感激欣赏的。行为描述型肯定包含描述你肯定的过去或现在的行为。例如："我很喜欢你在我午休的时候给我打电话，让我感受到你的关爱，让我知道你自发地想到了我。"其中的关键要点是要把令你肯定的行为具体说出来，这样，对方更容易明白他 / 她因何而受到肯定，以后可以采取哪些行动获得肯定。

车辙和坟墓之间的唯一区别在于尺寸[①]：
改变人际关系模式

多年前，我读过威廉·J. 莱德勒（William J. Lederer）与敦·D. 杰克逊（Don D. Jackson）所著的《婚姻的幻象》（*The Mirages of Marriage*）一书，书中道出了看待感情关系的一种新思维方式。作者们提出了一种他们称为"十英尺[②]长杆"的感情关系模式：在一段关系中，一方（通过行为或言语）告诉另一方"我想要你花更多时间陪我，我想要你做出更多的承诺"；而另一方（也会通过行为或言语）表示"我想要更多空间，我感受到了压力，感受到你在步步紧逼"。很有意思的是，如果你询问任意一方，他 / 她会告诉你问题出在对方身上：步步紧逼的一方认为对方不愿承诺，害怕亲密关系；保持距离的一方认为对方没有安全感，可能有共同依赖症，害怕一个人生活。但如果你客观地看待他们的互动的话，你会看到他们都在诱发对方的反应，就好像两人之间存在一个隐形的十英尺长杆，一方越是靠近，另一方越是被推远；一方越是远离，另一方越是被拉着靠

---

① 意思是陷入车辙中，要及时采取行动离开车辙，时间越久就越不容易出来。即遇到小问题要及时处理，如果任由小问题发展，最终小问题会愈演愈烈成为难以解决的大问题。——译者注
② 一英尺大约等于三十厘米。

近。一段时间后，这种模式就会不断上演。

这本质上是从"系统"的视角来看待感情关系。没有人是完全独立的，每个人都与环境及他人紧密相连，并对环境及他人做出回应。它好的一方面是，当我们遇到感情问题时，错不会全在一方，处于关系中的任一方都可以做一件不一样的事来创建一个新"系统"或新模式。例如，在"十英尺长杆"模式中，如果逃避的一方开始向追逐的一方靠近一点，不再逃离，追逐的一方很有可能不再猛追不舍。如果争执时你通常会放大嗓门，那就尝试一下保持嗓音平和，看看会发生什么，你的伴侣是不是以不同以往的方式回应你了呢？

我的建议是：如果在你的人际关系中出现了你不喜欢的情况，不要对你的伴侣、朋友、同事、父母等进行分析，尝试做点不一样的事，从你自身开始打破模式，再看是否会改变对方的回应方式。如果你们双方都决心做出一些改变，你们可以着手一起打破问题模式；如果对方还没做好准备，你仍然可以先从自身开始。从你这方开始改变问题模式，通常也会产生一个不同的感情关系模式。

如果你们通常会在卧室吵架，那就换到公共图书馆里去，把要讨论的内容写在纸上，然后双方互传纸条，写上回复来讨论问题。如果你经常在看晚间新闻时睡着，那就选个晚上出去打打保龄球或跳跳舞，做些完全与自己个性不相符的事情来打破困住你的"车辙"。如果你不改变通常的行为，很大可能你得到的回应和结果也和通常一样。

解决导向式感情关系

1. 接受和允许各自有不同感受和观点。

2. 接受和允许不同感受和观点后要针对"行为"进行交流沟通，告诉对方有哪些行为让你感受到亲密与爱意，有哪些行为并不适用于你。

3. 接下来，学会认识行为中的问题模式，并改变行为中的问题模式。如果你发现自己在一遍又一遍地重复同样的行为，但却没有达到预期效果，就是时候领悟其中的道理了！你得做点不同以往的事情才行。如果你曾经做过某些事情起到过更好的效果，那就再次做这些事情。虽然这个方法很简单，但当你的生活一成不变时，有时你会看不到显而易见的解决办法。

挽救感情

教你九招解决感情危机

不久前，我无意中得知一种用于替代医学中的花精，叫作"急救花精"（Rescue Remedy）。当你经受情绪危机或健康危机时，花精医师认为使用急救花精能让你稳定情绪或恢复健康。这促使我产生了一个不错的想法，即研制一剂针对感情危机和感情僵局的"速效急救丹"。本小节将向你介绍解决感情问题的"速效急救丹"，助你迅速突破僵局，解决危机。你可在下文中任选一个你觉得言之有理并能产生效用的妙招。

改变通常的争执模式或方式

如果争执时你通常会放大嗓门，那就放低嗓音；如果争执时你通常选择逃避或退缩，那就待在原地，直面争执；如果争执时你通常以律师般的精准性和攻击性来表达观点，那就只表述你对争执之事的感受，不再过多表述；如果争执时你通常会插话反驳他，那就坚持听他把话说完，然后把他说的话重复给他听，并问他你是否理解对了他话中的要点以及感受；如果争执时你通常会用手指对方，那就控制住不要有此举动，或尝试改变你通常沟通时所采用的表达方式。如果沟通时常常走来走去，那就把你要说的话写在纸上，或用录音机录下你要说的话，录完后让你的伴侣到另一个房间去听。

改变通常发生争执的地点或时间。如果之前爱在客厅吵架，那就坐到车的前排或到一家餐馆去吵架。如果你们通常在深夜吵架，那就约好第二天的下午再开始吵架，或使用厨房的计时器将吵架时间限制在十分钟内，然后休息十分钟，双方保持一定的身体距离，都不要说话，然后再吵十分钟，再安静十分钟，保持这一模式直到解决掉问题或双方同意停止争吵。

180°大转换：对调追逐-逃避模式

这是第一招的一个变体，但更加具体。大多数夫妻或情侣都会陷入一方追逐而另一方逃避的典型模式，不管是在总体的感情关系中还是在具体的争执中，都是如此。找出你通常在争执中的模式，并转换模式（即从逃避模式转换成"不再逃避模式"或追逐模式，从追逐模式转换成逃避模式）。当然，你们双方可以同时对调模式，也可以任由一方自行转换模式。

找出伴侣的闪光点

记录下你的伴侣最近做过的所有值得表扬的事情，并把你记录的事情告诉他／她。说出当你感到被伴侣爱护、帮助、理解时，他／她具体做了哪些事情让你有此感受；说出伴侣做过的让你心生爱慕或惊喜的行为。当你发现伴侣正在以你想要的行为做事或快要用你想要的行为做事时，给予他／她表扬。留意在争执时伴侣采取的更公平、更具同情心、更友好的行为，或能帮助你解决问题的行为。

提示：你也可以留意自己的正确举动，并在心里默默地表扬一下自己。但寻找自己的正确行为并不意味着你做对了，你的伴侣就是错的，在此并不鼓励这种双方非对即错的认定方式，而是要留意自己做出的灵活变通、同情怜悯及明白事理的行为。

摒弃语意不明、含有责备及另有所指的话，使用行为描述型话术

留意你说的哪些话常会激怒你的伴侣，并找到方法将之替换成直接表意、挑衅性更少的说法。例如，你会说"你这样很自私"或"你这样和你的父亲一模一样"，缓和这类话语最简单的方法就是将它们转换成行为描述。比如把"你批判我时，我就会还击你"转换成"当你用手指着我，说我不成熟时，我就会还击你"。

将抱怨转换成"行为描述型请求"

行为描述型话术最关键的因素在于告诉你的伴侣在你们的关系里有哪些事情困扰着你。不要控诉对方的性格缺陷，或指责对方的错误理解，而是描述他／她的行为，并提出行为描述型请求。这样做通常会减少责怪性言语的使用，更能让你的伴侣得到提点，从而让关系得到改善。将"你就是太过敏感"换成"我希望在我惹你烦心的时候你能告诉我，而不是什么都不说就夺门而出"；将"我们再也不出门玩儿了，因为什么事情都提不起你的兴趣"换成"我希望至少每两周你能陪我出门看一次电影"。

制订具体的改变计划

通常来说，如果坐下来写一份行动计划，定期检查实施

效果，能更好地促进改变。你可以邀请你的伴侣加入，但没有他 / 她的加入也可以。制订的计划中要重点包含你、你的伴侣或你们双方要采取的具体行动、采取这些行动的时间线、规定的行动频率、如何对照计划检查它是否生效、如何对计划做出调整，以及何时检查计划是否生效、何时对计划做出调整。例如，如果你们双方都同意不将孩子带在身边，以便有更多时间与对方单独相处，那就制订一个计划，写明由谁来安排人照看孩子，由谁来打电话预约餐馆，或由谁来打电话咨询电影放映情况并购买电影票，等等。或者你决定增加关系的亲密度，那就在制订的计划中写明你要采取的行动（如彼此为对方大声朗读或给对方按摩后背）、行动频率、检查计划实施效果的次数以及日期，以确保双方都在实施已计划好的行动。如果计划的行动未见效，也可计划其他行动。

聚焦你自身（而不是你的伴侣）能做的改变，挑起担子首先做出改变

即使你的伴侣才是问题源，这一招需要让你自身承担做出改变的责任。这是基于系统原理，即人们会对周围的改变做出回应。就像跳舞一样，你停止了探戈舞步，摆好了狐步舞的姿势，你的伴侣就很难再继续跳探戈舞。因此厘清问题通常会在哪一步出现，找对时机，采取一个无害，也无破坏性，但不同以往的新举动。

打破你在伴侣眼中的刻板印象

有时和我们生活在一起的人会把我们刻板化，而与此同时我们自身的行为又会加深伴侣眼中的刻板印象。找出你在伴侣眼里有哪些刻板行为，如你从不做家务，或当伴侣想看橄榄球赛时你总是有意见，然后下定决心，打破你在他／她眼里的刻板印象。做些让你自己和伴侣都会惊奇的、完全不符合你个性的事情（再次强调，要确保这些事情没有破坏性或没有恶意）。

做一个饱含同情的倾听者

有时最简单的解决方法就是自己住嘴并倾听伴侣的话语，设身处地地以他／她的角度来感受或理解问题。不要尝试为自己辩护，不要尝试纠正伴侣的观点，不要尝试说服伴侣脱离他／她的感受。只要把你自己放在你伴侣的立场上，倾听他／她对事情的理解与感受，想象如果你也从这一观点看待问题的话，会作何感想，你会有怎样的行为。从他／她对问题的感受出发，将你的理解表达出来，表示你对伴侣的艰难痛苦能感同身受。

陷入感情问题会让人感觉力不从心。这一小节给出了一些理念和方法，助你脱离感情问题。当然，如果问题顽固不化或你发现自己心灰意冷到连这些方法都不愿考虑一用，寻找婚姻咨询师或情感咨询师的帮助方为明智之举。

保持关系新鲜感

感情关系的四个强化剂

在感情问题还未演变成危机的情况下，可以采用以下建议强化感情关系或解决感情问题。

双方若互动良好，就不要乱做改动

首先，不要好坏不分就全盘否定。如果两个人在某些方面互动良好，就不要在这些方面改动，也不用对自己或感情关系产生怀疑。找出在感情关系中哪些行为有效地增进了感情，并重复这些行为。

不要听信专家言论

如今，一些人为伴侣做了些友善或富有同情的事情后，就会想知道自己是否有"共同依赖症"；或在杂志上看到一篇文章，突然领悟到根据文章里的标准，自己的感情关系居然还没过及格线。从《十招教你快速激活你的男人》（"Ten Ways to Jump-Start Your Man"）这类文章中读到的建议，有可能激活他，也很有可能关闭他。你才是自身感情关系的专家，相信你的直觉和常识，不要让外界的专家（杂志上的和脱口秀节目上的，以及好心的朋友、同事或亲属）说服你放弃你喜欢的事情或接受你很清楚不会适合你的事情。

做点不一样的事

老话说："车辙和坟墓之间的唯一区别在于尺寸。"而有些夫妻或情侣已在车辙里越陷越深了，这时就得尝试在感情关系中做出任何可行的改变（当然，得是合乎道德、没有危险的改变）。如果通常你很精打细算，那就鼓励伴侣为他/她自己买些奢华的礼物；如果通常你不会注意到打理家务的需要，那就动手做些家务，给伴侣来点惊喜。做些完全与自己个性不相符的事情来打破困住你的"车辙"。如果你不改变一贯的行事方式，很大可能你得到的回应和结果也与一贯得到的并无二致。

换个观点看待问题

有句老话说："最危险的事莫过于你有且仅有一个想法。"人人皆受困于带有局限性的自身观点，都倾向于认为自身的观点是看待事物唯一正确的观点，而在我们心烦意乱时更是如此。因此，当你遇到难题或情绪不畅时，不妨换个观点看待你的处境。换个角度试试看。例如，如果对方是你的子女或你最好的朋友而不是你的妻子、丈夫或男友、女友，你会如何看待当前的情况？

打开问题之锁的第 8 把钥匙：
采用"行为描述型话术"解决人际关系问题

行为描述型话术是解决感情问题的一个简单方法，即把言语用来描述，而不是用来解释、分析或责备。采用行为描述型话术有三个方法。

方法 1：行为描述型抱怨

具体叙述你不喜欢对方一直在做或正在做的行为，切忌责备和分析。

方法 2：行为描述型请求

具体叙述你想要对方在当前和今后怎么做。

方法 3：行为描述型肯定

让对方清楚地知晓哪些行为是你欣赏、感激的，是你希望他 / 她在今后继续去做的。

第十章

这么脸红心跳的时刻你还可以说话？

解决导向思维下的"性"

> 性爱是轮回转世的九种理由之一……其余八种不足为论。
>
> ——亨利·米勒（Henry Miller）

在生活中，很少有比"性"更难解决的问题。大多数人都会觉得很尴尬，而不愿坦率地谈论这一话题。有些人会担心他们"不正常"或他们的表现没有达标；另一些人则会在成长的过程中对性产生羞耻感，他们要么被灌输了"性乃羞耻之事"这一理念，要么受到过性侵而留下后遗症。本章中，我将以解决导向的观念作为探索"性"的一种方式，去解决性的难题。

解决导向思维下的"性"

下文简要列出了用"解决导向式思维"解决性问题的
步骤。

- 步骤 1：避免负面分析、归类、评判自己或他人的性欲
  望或性感受，只需要接受自己或他人有权拥有性幻想、
  性欲望、性需求、性感觉等。外界专家（如心理学家、
  精神科医生、亲朋好友、宗教领袖、自助书籍、流行杂
  志以及电视节目）无权为成人定义适合成人的性事。对
  于"深入"的性事部分，没有绝对的"对"与"错"。
  虽然现在有像美国家庭电影院频道（HBO）播出的
  《真实性爱》（*Real Sex*）一类的节目，也有《金赛性学
  报告》（*Kinsey Report on Human Sexuality*）一类的研
  究，非异性恋网站不断扩散传播，人们能通过一些渠
  道获取并观看成人视频，媒体也越来越公开地讨论与
  性有关的问题，但这却反映出多年来性话题的讳莫如
  深，让人困惑不解。就性行为及性偏好而言，我们的
  隐私行为从来不是极端保守的，或并不是我们认为的
  那样在社会上存在普遍的同质化。所谓的"正常"范
  围实质上远比我们所相信的要宽广得多。
- 步骤 2：但当涉及性行为时，有些行为能产生促进作
  用，有些行为则不能。因此，首先你要说出你的性想

法，但不要要求别人或强迫别人接受。其次，使用行为描述型话术清楚地向你的伴侣表达他／她的性行为中有哪些你现在还无法接受或不能接受（行为描述型抱怨）；有哪些是你希望今后他／她能做到的（行为描述型请求）；他／她之前的哪些性行为是你所喜欢的（行为描述型肯定）。

- 步骤 3：回忆在过去的性行为中，有哪些行为增进了你以及对方的兴趣，利用这些行为促进你当前的性关系或解决你当前面临的性问题。

- 步骤 4：利用步骤 2 和步骤 3 中收集的信息，协商出双方同意且能愉悦双方的性生活。找出共识，可能的话，也找出应对分歧的方式。谨记你是针对行为在协商，而不是针对内心体验在协商。不要否定或试图改变对方的感受或期望，而是要专注于行为的改变。如果陷入僵局，不妨尝试对整体的关系模式做些改变，以及对具体的模式做些改变。找个周末两人去旅馆温馨一番，或改变着装，或找一本相关的书，相互为对方朗读。

解决导向式性事的原则：
兴致来时，激动兴奋；兴致缺时，索然无味

首先不得不提起喜剧演员弗利普·威尔逊（Flip Wilson）

多年前说过的一句话："兴致来时，激动兴奋；兴致缺时，索然无味。"（When you're hot, you're hot; and when you're not, you're not!）当你毫无兴致时，不要尝试强迫自己产生兴致。有时，男人们试图强行进入性兴奋状态，而这往往适得其反。对于女性而言，强行产生性兴奋的结果也是如此。有时，缺乏性兴奋可能是暂时的或是由于某种原因导致的。例如，你可能由于工作上遇到的某些问题而感到劳累疲乏或心不在焉，尽管你尽力将之抛诸脑后，但困扰你的问题却在你准备放松享受性生活时探出头来。在这种情况下，接受自己在这一刻缺乏性兴奋有助于赶走你的困扰，而不是将之转变成一个新问题。下一次性生活时，很可能一切都已重回正轨。或者缺乏性兴奋是由于某些长期因素，如身体情况或药物原因影响了性唤起或性反应（在这种情况下最好找医生做一下检查）。或者缺乏性兴奋可能表示你对性关系或总体上的感情关系感到厌倦，或表示性关系或感情关系出现了问题。不管具体是何原因，建议都是一样的：不要试图强迫自己进入性兴奋状态。

制造性生活：解决导向式性事

另一方面，有时你可以故意做些事情来挑起兴致。通常我们认为要有了性欲望后才产生行为，但很多现代疗法和心理学方法显示，有时性欲望也可以由行为唤起。如果你没有兴致，做些"事情"有时也能唤起它。深夜时分，你忙了一整天，你和伴侣都感觉疲惫了，你转身面向对方，你俩已经有段时间没有性生活了，"想吗？"其中一人问道。"我有点累，但如果你想的话我也可以。"另一个答道。然后你们开始做些能挑起对方性欲望的行为，通常情况下你会开始产生性欲望，疲惫感也会有所减少。

如果你有性方面的问题，也可以搜寻以往产生过效用的行为和方法，并在性生活中有意为之。

一位年轻的女士曾来咨询过我。"我不确定是否真有必要接受咨询，"她说，"我未婚夫说我有个问题，他认为如果我不在结婚前解决掉这个问题的话，我不会在婚姻生活中感受到幸福。""是什么问题？"我问道。她一开始感到难以启齿，尴尬地沉默几分钟后，终于开口说道："是个性方面的问题。"我再次问道："是什么样的性问题？""我无法达到高潮，"她说道，"我未婚夫担心如果我一直没有性高潮的话，我会对婚姻不满或哪天说不定会找外遇。""这是你的第一段关系吗？"我问道。她回答说："不是，他是第三个。我和高中认识的一个男生相处了几年，他是第一个和我有性关系的男生。我们分手后，我交过另一个男朋友，但我与后者也没有过性高潮。""稍等一下，"我说道，"你是说你和你第一个男朋友在一起时有过？"她回答说："是的，有过几次。"我说："回想一下那段关系，你认为你当时的男朋友做对了哪些事？比起你现在的未婚夫，你更信任当时那位男朋友吗？或者你与当时的男朋友更开诚布公地谈过你的性需要？或者你当时用了避孕药，所以状态更放松？"呃，现在想起来通常是在我们用嘴后。"她说道。"这时你会更容易有性高潮？""是的。""你和你未婚夫在一起时有过性高潮吗？如果有的话，是什么行为帮助你达到的？""有过一次，当时他给我用嘴了，但只有那一次。""那次你有性高潮。你认为他为什么后来没有再这样做了呢？是你对此感觉不自在吗？""不是，他只是没有再尝试了而已。""你有没有告诉过他，这会对你有帮助？""没有。你觉得我应该告诉他吗？""是的，"我说道，"我觉得这会是个好主意。""那好，"她说着并快速起身，"我试试吧！"两周后，她带着胜利的神色来到我办公室对我说："果然有效！"我回道："那太好了！"但我并不感到意外，因为实际上她很清楚怎样才能得到性高潮，只是她没意识到她其实知道这个方法。等她意识到后，她便采用了自己的现成办法解决了她和未婚夫之间的难题。

　　在此，我想划一个重点，即性生活是感受、方法和行为的综合体。正如我在之前的章节中所讨论过的一样，你可以改变你的行为、你的理解（观点及信念）、你的注意力，以此来改变你的性生活，并解决性方面的问题。为了说明这一点，我在下文中给出了另一个案例。

　　曾有一对夫妇，他俩称两人间三十年的感情生活已经磨掉了彼此的激情。近几年两人几乎没有任何性接触。妻子将两人激情的消退归咎于几年前丈夫为她预订的"梦想假日"惊喜——去尼泊尔背包旅行。妻子确实大吃一惊，但她告诉丈夫这并不是她想要的旅行，于是丈夫取消了行程。妻子感到丈夫因此而愤愤不平，两人之间也有了嫌隙，两人都在这件事中受了伤，但他们从未开口讨论过此事。妻子认为两人的性生活逐渐减少就是由此引起的。听完妻子的说明后，丈夫说这并不是他的原因。当问起原因时，丈夫怯怯弱弱地承认主要原因是妻子长胖了很多。他不想伤害妻子的感受，因此从未提及，但同时他也敏锐地意识到自身也增重了不少，因此批评妻子长胖就会很没道理。不管怎么说，这逐渐消磨掉了他的兴趣。为了减肥，他俩最近开始了积极健身和节食，不过，这些项目的作用还要等一段时间才能看到，因此我更关注的是这对夫妇近期能采取哪些行动来改善性关系。我让他俩描述一下他们曾经是怎么保持"火辣辣"（摘自他俩的说法）的性生活的，建议他俩再次尝试两人激情高涨时曾用过的办法。第二次咨询时，他俩说结束第一次咨询回家后的当晚就立刻进行了尝试，并且从那以后又有了很多"火辣辣"的性生活。他俩很惊喜地发现行为也能制造出感觉。

大胆说出喜好：性事中的行为描述型话术

当你找人给你挠背时，你会提出指导："不是那儿，往下一点，再往左一点，对对对，就是那儿。挠大力点儿。嗯，好了，谢谢。"在你没明说的情况下，你不会期望对方知道怎么做可以帮你止痒。但在性生活中，我们却希望在不告知对方或不给对方提示的情况下，对方就对如何让我们获得满足了然于胸。

对于这一问题，我深有体会。我年轻时非常害羞，我成长的环境告诉我性并不是一个适宜讨论的话题。这两点因素使我忌讳与伴侣交流我们的需求、喜欢或不喜欢哪些行为。

那时的第一次性经历让我感到神秘晦涩，甚至有点儿担心害怕。我的方法对不对？她有没有从中得到享受？她达到性高潮了吗？她想不想我采取点不同的方式？她想我继续吗？下次还会和我过性生活吗？因为我几乎是零经验，虽然读过一些相关话题的文章，但实际情况与书中描写的大相径庭，所以我在这方面的"学术储备"在实际情况中没怎么用上。而我又太害羞，担心被看出初经人事，所以我也没有开口去问这些问题。遗憾的是，我交往过的伴侣在性事上都跟随我的引导，因此我与她们从未讨论过哪些行为能增进双方兴趣，哪些不能。

经历几段感情后，我遇到了一位"豪放不羁"的女性。当我们初次开始云雨之事时，她开始具体指导我她更喜欢哪些行为，我很震惊。我想着，你的意思是这么脸红心跳的时刻我还可以说话？接下来发生的事情简直震碎了我之前的性爱观。她开始问我想让她怎么做，然后开始用不同的方式刺激我并问我喜不喜欢。你的意思是这么脸红心跳的时刻我还得说话？在克服了最初的不适后，我发现我很喜欢这种互动，这让我想起了挠背这种双方互动的行为。我们为什么不能让伴侣知道哪些方式能促进快感、哪些不能呢？这种具体的交流可以消除性生活中无法估量的焦虑感和羞耻感。

你可能已经留意到这一点与第九章讨论的使用行为描述型话术——行为描述型抱怨、行为描述型请求及行为描述型肯定——很类似。不过此处我建议你将这些方法具体用到与性相关的情况中。

一对找我做咨询的情侣发现他们太过拘谨羞怯，以至于从未和对方谈论过他们喜爱和不喜爱的性行为。因此，我建议他们首先尝试在每次事后通过写信告知对方哪些行为提升了自己的快感，各自希望哪些行为在今后的性生活中可以有所改善。

偏好不同，协商解决

通常，夫妻间会有不同的性欲望或性偏好。如何采用解决导向式方法来应对这些不同偏好呢？首先，确保要协商的是两人会彼此配合做的事情。我们之前已提到过，在解决导向的方式中，不要试着改变一个人的内在——他们的性期待和性偏好。同样，不要给对方贴负面标签或做负面分析，（在这方面）不要编造故事，将问题归咎于对方（或你自己）身上。

更有效的方法是将重点放在协商出能带来改变的行为上，即双方共同做什么或你个人做什么能达到改善性生活的目的。

我曾接待过一对情侣，他们因性生活的频率闹了矛盾。男方认为女方一周只想过一两次性生活简直不可理喻，他希望一周至少四次或五次，甚至每天更好；女方认为男方应该想办法克制自己的"性瘾"。显然，这种相互否定对方的做法并不能帮助他们解决性事上的分歧。我叫停了他俩的相互否定、责备和羞辱，然后启动了协商。第一个突破口是女方认为男方每次索要性爱都是要性交，而在协商中我们发现，有时女方只需要在男方自己解决时做出某些辅助行为，男方也会有快感，女方表示她很乐意这样做。同时，男方也道出了一件让他自觉羞耻的事情：他一直在深夜女方就寝后偷偷摸摸地在网上搜索相关影像。他觉得背着女方做这件事就是在背叛她。虽然女方不希望男方有这种"羞耻的秘密",但并没有严厉地批判男方。他俩决定每个月一起看一次相关影像,男方答应不再背地里强迫性地上网了。当初他认为女方不会和自己一样欲望高涨,因此他认为两人不会有使双方都满意的性生活,后来看了一些视频能引发女方的兴致时他感到很惊喜,而这也改变了他的看法。

提出需求,但不勉强

提出你的需求、说出你的喜好确实很重要,但请注意不要勉强你的伴侣接受不适合他／她的需求或喜好。在性生活中,如果感到不适或受迫接受不喜欢的行为,人们通常会对性做出不好的回应,因此要确保你没有胁迫或勉强你的伴侣。与此同时,由于担心伴侣不喜欢或不同意,人们有时不愿说出自己的性期待或性想法。但至少你可以先提起话题,让他／她知道你并不勉强他／她接受,只是有兴趣对某些性行为小做一番尝试而已。

发挥创意,激发兴致

打破常规,发挥创意,如尝试新姿势、变换地点、创建悄悄话、准备些新服装、新玩具等等。如果文字能激发兴趣,也可以给对方朗读书本、杂志或你自己写下的幻想。

预留时间，耳鬓厮磨

不要总认为性生活会在深夜自然发生。你也许得从繁忙的工作、社交或家庭生活中为性生活预留出时间来。再次说明，关键是要先卸下压力。如果安排了性生活的时间，但时机或情况不适宜，那就将时间用来做任何适宜的温存之事。你们可以相互按摩按摩背、说说话或舒服地依偎在一起。如果温存激起了双方的欲望，就顺势而为；如果没有，则好好放松，享受这一特别的温馨时刻。

双方同心，共寻高潮

如果你忽略掉了性高潮这一目标或草草完事，不要太过纠结。过分强求性高潮反而会求而不得，或会让你无法在性高潮到来时全身心地享受其中。而另一方面，如果你从未有过或很少有性高潮，你可以做出调整以便你在性生活中能更规律地体验。你可以采用上文中给出的建议增加可能性。

有什么办法应对早泄问题？慢下来，不要动。当他达到性高潮时加以留意。许多男士认为要让伴侣获得快感，他们得积极表现。克服早泄是一个可以习得的技能，在两人过性生活时让他练习放缓节奏，享受过程。

双方能否同步达到性高潮？这是有可能的，当然这离不开良好的沟通与轻松的心态。有些伴侣双方会经常同步达到性高潮，而有些伴侣间各自的时机不同，因此也就很难同时达到性高潮。

总结：解决导向思维下的"性"

兴致来时，激动兴奋；兴致缺时，索然无味

只需要承认和接受你的性感受（或缺乏性感受）。试图让自己或他人强行产生你或他人都没有的感受只会适得其反，甚至降低你或对方的兴致。放松心态，让感受自然流露。如果长期缺乏兴致，可能是有尚未解决的身体原因或其他感情问题或个人原因。

制造性生活：解决导向式性事

搜寻以往对性生活产生过促进作用的方法，并在之后的性生活中有意为之以唤起或重建兴致。如果想不起有任何方法，或者这些方法已经起不了作用了，尝试改变任何相关之事（如想法、关注点、行为、互动、场景等）以带动兴致。

大胆说出喜好：性事中的行为描述型话术

使用行为描述型话术清楚地说明在性生活中你不喜欢伴侣的哪些行为，希望他 / 她在今后的性生活中怎么做，你喜欢他 / 她在过去的性生活中的哪些行为。

偏好不同，协商解决

不要尝试改变一个人的内心感受（他／她的性期待和性偏好），而是将重心放在找出对彼此有效且都同意尝试的性行为上。

提出需求，但不勉强

试图勉强对方采取某种性行为，通常会让对方的欲望大打折扣。当对方不愿采取你认为他／她想要或会得到快感的性行为时，不要因此就羞辱对方，也不要因为你不愿采取对方想要的性行为而感到羞愧。

发挥创意，激发兴致

性生活会陷入不断重复的常规模式。要再次激发兴致，可尝试对通常的习惯做点变动。

预留时间，耳鬓厮磨

在应对繁忙的生活之际，有时很有必要为欢爱之事预留出时间。要谨记不要勉强行事，但你可以在两人相处的时间里增加氛围，看能不能跟随氛围共赴云雨；如果不能，那就好好享受这一特别的温馨时刻。

双方同心，共寻高潮

不要执着于每次性生活都要有高潮。放松心情，享受过程。另外，如果你从未有过或双方中有一人没有达到性高潮，你可以采取些方法，确保性高潮更有规律，且双方都能达到性高潮。

第十一章

驱除住在往事中的"幽灵"

采用仪式解决未了之事，防止问题发生

> 我们不需要学会如何放下缠绕心中的念想，只需要在念想散去后学会接受。
>
> ——（日本）铃木禅师（Suzuki Roshi）

在采用了前面章节中的解决导向式方法后，你仍然还有尚未疗愈的过往之伤，本章将教你一个需要引入仪式的解决导向式方法，帮助你快速解决创伤。

这一解决导向式疗法里有两种仪式：第一种仪式是指通常采用一次就能帮你走出创伤的仪式，我称其为"了结型仪式"；第二种仪式是指你反复做并将其变成一种习惯的仪式，这种仪式有两种作用，一是用来防止问题，二是在生活中经历一场危机或变故后用于重建安定感，我称其为"安定与连接型仪式"。

打开问题之锁的第 9 把钥匙：

举行了结型仪式，解决未了之往事

几乎所有文化里都有帮助人们过渡到人生不同阶段的仪式。大多数宗教的宗旨相同，但为了贯彻宗旨却有不同的仪式。犹太教中，家庭成员去世后，家人们要在规定的期限内进行"坐七仪式"（Shivah）：第一周，家里的镜子要遮盖起来，逝者的家人们要撕下一小片黑布佩戴在身上，"坐七"期间不得出门。逝者离世后的第二个月还有其他仪式，然后到年底，会为逝者念祷文，并将一块石头留在逝者墓上。天主教中，会为快逝世的人做临终圣事（现称"病人傅油"圣事）。

这些仪式的主要特点，是在有限的时间内让人们做些形式特殊的事情，以帮助人们继续迎向接下来的生活。在你的生活停滞不前时，不要过多分析，不要沉湎过去，尝试采用了结型仪式，把折磨你内心的未愈之伤推到行动的领域里来，以便采取实际行动解决伤痛。

巴尔布不怎么喜欢自己的生活。她单身，备感孤单，对工作不满，有健康问题，超重，小时候还曾遭受过性虐待，她从不觉得自己真的能讨人喜欢。有一天，在一家超市里，一名男士走近她，开始和她说话，问她菜瓜应如何烹煮。她礼貌地回答了这名男士的问题，然后就继续找寻自己要买的日杂。这位男士漫不经心地跟在她身后逛超市，一开始她对这位男士的行为感到很心烦，同时也感到害怕，但由于这位男士非常帅气迷人，于是过了一会儿后，她开始与这位男士攀谈起来。在他俩的购物之旅快结束时，这位自称为汤姆的男士对巴尔布发出了外出约会的邀请。巴尔布感到受宠若惊，同意了邀约，虽然她对汤姆还是有所顾虑，但汤姆的邀约也让她的内心因好奇而躁动了起来。她琢磨着她的生活可能会因此出现转机。

接下来的几个月她沉浸在幸福的氛围里。事实表明汤姆是个非常浪漫的人，送她鲜花，每天电话诉衷情，还会给她写情诗。汤姆告诉她他是个成功的商人，年收入达十万美元。他俩恋爱了，很快有了性生活。

接着一些让人不安的征兆开始浮出水面。汤姆拒绝给巴尔布他家里的电话号码或他家的地址。汤姆告诉巴尔布他想保留自己的隐私，如果巴尔布需要给他打电话，可以拨打他的手机号码，但他却把手机一直留在卡车上。汤姆还告诉巴尔布他常幻想自己、巴尔布还有另一个女人有"三人行"的性行为。偶尔他还会对一些小事撒谎。但除了这些小抱怨外，两人的关系进展良好。这是巴尔布头一次拥有这么快乐的生活，她的朋友和同事都说她绽放出了新颜。巴尔布也开始向汤姆提出结婚的打算，汤姆也表现出了对两人结婚的期待。

一天，在与一位邻居的随意交谈中，巴尔布提到了汤姆的名字，于是邻居顺口问道汤姆的妻子是否还在电话销售公司上班。巴尔布错愕不已，认为邻居肯定是把汤姆和其他人搞混了。但她还是打听了一番，得知汤姆确实结婚了，还有个十几岁的儿子。当巴尔布质问汤姆时，汤姆对于巴尔布"窥探他的隐私"暴跳如雷。之后，汤姆来到巴尔布家与她对峙，巴尔布坚定自己的立场不让步，却被汤姆强奸了。此后，她再也没见过他。

当巴尔布前来寻求治疗时，她仍对此事感到很心烦，对自己卷入与汤姆之间的纠缠耿耿于怀。她回避人群，任何男士表现出对她的好感都让她害怕。她感觉自己很肮脏，特别是自己的头发，因为汤姆很喜欢她的头发，还曾送过她一瓶带有情欲香水味的洗发水，这让她想起了音乐剧《南太平洋》（South Pacific）里的歌词："我要把那个男人留在我头发里的味道彻底洗干净"（I'm gonna wash that man right outa my hair）。自此之后，巴尔布就形成了一套自己的仪式：她给汤姆和（曾在年幼时侵犯过她的）表兄写信，表达被欺骗、侵犯和抛弃后的所有感受；然后她会烧掉这些信，听着《南太平洋》里的那首歌，一遍一遍地洗头，直到她觉得自己洗掉了汤姆和她表兄残留在她生活中的影子。

要施行了结型仪式，你需要找到与你的创伤、问题或心结相关的一件象征性实物。可以是与创伤相关的人的照片或拍摄于创伤期的自己的照片，也可以是与创伤相关的一个物件，如你乘坐的车发生意外时掉落的一个碎片。接下来，设计一些能象征迈向前方或抛开心结的行为，并实施这些行为。可以将相关的物件扔进江河湖海里，也可以将之烧掉、埋掉或扔在墓地里。

一名男士和住在他隔壁的邻居发生了婚外情。一天，他的妻子在衣橱的后角里发现了一个带有丈夫情人名字的钥匙扣后撞破了丈夫的婚外情。她质问了丈夫，丈夫也承认了。于是这对夫妻分居了，但之后他俩决定尝试修复婚姻。在做了几个月婚姻咨询、哭过吼过交谈过后，他们搬回了家一起生活。但即便要说的都说过了，妻子还是对丈夫出轨一事很介怀，她感到怒火似乎还在心中燃烧，无法发泄出来，于是咨询师为她设计了一个了结型仪式，即处理掉那个有她丈夫情人名字的钥匙扣，因为钥匙扣是丈夫出轨的象征物。

妻子找出钥匙扣后，要用物理方法将她的怒火发泄到这个钥匙扣上，避免她把怒火发泄到丈夫或邻居身上，虽然她很想那样做！一开始，她把钥匙扣拿到了屋外后廊，用锤子使劲地砸，但这还不够。她想了一会儿后，决定给她的仪式来个升级，于是她将钥匙扣扔到了路上，然后开着车来回碾压。这一仪式结束后，她的怒火消除了一大半，丈夫出轨给她带来的伤痛淡化了一些，使她的日常生活以及与丈夫的关系不那么受影响。

你可以独自实施了结型仪式，也可以与他人一起实施。要仔细考虑实施仪式的最佳时机、地点、人选及环境。可以选择纪念日或其他重要日子，可以是某个有重要意义的地方。

象征物

"象征物"是指代表某个人、某个地方、某段心路历程或某种境遇的具体实物，用来表示你生活中或感情关系中有待解决的问题。

你或许手头上已经有了这些待解问题的象征物（如一张照片、一个钥匙扣或一件衬衣），或者你需要通过动手写、画、雕刻、缝纫或通过在大自然中收集物件的方式来创建象征物。

尽管凯丽已经与一名男士恋爱六个月了，但她还是抑郁了，她发现即使已与前夫离婚好几年了，但一想到前夫和他们之间已完结的婚姻，她还是会愤恨不已。她前夫对她和孩子们很粗暴，经常喝得烂醉，还频繁出轨。有一次，她前夫发火时竟然试图开着车去撞她和孩子们。

我建议她画一幅表示她的婚姻的图画，她反对，说她不像艺术家那样有画画的天赋。但我对她说她的画作不会被挂在艺术馆里，是用来帮助她走出过去的，她画了一个螺旋，然后在螺旋上加了很多负面元素，就好像她之前的婚姻是个旋涡，在将她和她的孩子们吸入危险的旋涡中心。当她下一次来做咨询时，我让她把画烧掉。她决定和现任男友一起烧画。

当她再次来做咨询时，她对我说她很生我的气。我迷惑不解地问她原因，她说："如果我知道你要让我把画烧掉，我会画一幅巨大的画，看着它烧得久一点才能让我有满足感！那幅小画烧得也太快了。"我问她是否需要再画一幅大画，再做一次烧画仪式，但她表示她现在已经对过去不再愤懑了，因此也没必要再烧一次画了。

进行了结型仪式之前，要确保你真心实意地在情绪和心理上做好了准备。此处所讲的重点不是要强行进行仪式，而是尽管你用尽全力还是无法解决问题，但在你已做好准备向前看时，你能采取一些力所能及的解决办法。

我在大学期间曾交往过一个女朋友，她成长于争执不断的家庭。她父母总是大吵大闹，孩子们经常被夹在中间，两头为难，她父母还会想方设法让孩子们站队表忠心。当女友离家求学后，她想着这下她应该不用再卷入父母的争执中了，但时不时地她会收到母亲写给她的信，这些信立马就把争执摆在了她眼前，信上长篇累牍地描写了她父亲的各种糟糕行为，也责怪女友总是站在她父亲那边。每次读到这些信时，女友都会极其心烦，因此最后她让我帮忙过滤这些信，如果信的内容很负面，就先提醒她。我答应了，一旦我告诉她哪封信有负面内容，她就不会看这封信。但我也告诉她即便含有负面内容的信里也有一些值得一读的好信息，因此我们决定由我把负面信息从信里剪去，把剩下的信给她。由于觉得直接扔掉这些带负面内容的剪切信不是太好，我就把它们存在了厨房桌子下的茶篮里（面朝下放着，避免女友不经意间读到信的内容）。一段时间后，一想到厨房里放着这么多充满恶意的话语，我开始觉得有点发毛，因此我暗示女友将这些剪切信带回她家。"没门儿，"她说，"我不想把这种负面的氛围带进我家！"几经商议后，我们决定找个信封，由女友写上她母亲的地址，把这些剪切信装进信封里，并加上一张女友手写的备注条："亲爱的妈妈，感谢您的来信，但我不需要来信中的这些部分。爱你的女儿。"自此以后，女友再也没收到过母亲寄的言辞恶劣的信了。

　　了结型仪式也可以用于痛失亲人的疗愈过程中。但要谨记第四章的重点，即接受自己的感受，不要否定自己或他人的感受。了结型仪式并不是让你逃避虽痛苦不堪而又属人之常情的悲痛过程，而是在你停滞不前但已决定放下过往时，助你脱离困境的一种方式。

　　一对夫妇的女儿因患白血病而离世，她叫卡洛琳，是个非常贴心的孩子。眼睁睁地看着卡洛琳经受了各种苦不堪言的癌症治疗手段后还是没能活下来，这对夫妇心中承受无法言喻的苦痛和无助。在卡洛琳最后几个月的生命里，医院成了这对夫妇的第二个家，小儿肿瘤科的医护人员则是他们这个第二家庭里的亲人。卡洛琳离世后，这对夫妇感觉生活里多出了很多空洞。他们不仅失去了卡洛琳，因为他们已不再去医院，也因此失去了第二个家。随着卡洛琳离世一周年纪念日的临近，他俩开始担心在心里的伤痛刚开始恢复的情况下，悲痛会卷土重来。因此，我们设计了一个仪式，包括在他家后院种一棵果树（卡洛琳生前很爱吃水果），以及每年纪念日时给这棵果树拍一张照片送给医院的医护人员。此后，每年在卡洛琳的纪念日，他俩就会带上照片以及从树上摘的水果去医院给那些认识卡洛琳的医护人员。

打开问题之锁的第 9 把钥匙：
举行了结型仪式，解决未了之往事

- 理清仪式的目的以及需要了结的往事。
- 为仪式做好准备：确定你会用到的象征物、举行仪式的时间、人选、穿着、地点，确保自己在情绪和心理上都已做好准备。
- 举行仪式。
- 适当情况下，完成仪式后，可以与朋友、重要他人或家人一起庆祝一番，表达自己一心向前的决心。

打开问题之锁的第 10 把钥匙：

用安定与连接型仪式，防止问题，
创造人际连接

这是采用仪式解决问题，甚至是预防问题的第二种方法。这一方法的目的是通过形成固定仪式或习惯，帮助创建安定感，把自己与生活进行连接，或把他人连接到生活中来。

我曾给一对结婚三十五年的夫妇做过咨询。他们来找我时，他俩的婚姻已经处于离婚的边缘。妻子抱怨说他俩之间从来没有过亲密的感情关系。丈夫是个工程师，从来不会表达自己的感受，最多就是用言语批评或烦躁易怒来表达感受。他可能会说出自己的想法，但很少告知妻子自己的感受。"我只知道他的一种感受，就是他的性欲，"妻子说道，"因为他总想过性生活。"我对他俩说，这听起来好像丈夫脖子以下到阴茎以上的部位是个巨大的未知领域，如果他俩要想继续维持婚姻关系，就得共同发掘丈夫的这片未知领域。他俩答应会进行尝试，但问题是大多数时候，丈夫根本不明白自己的感受。"我通常是最后一个知道自己感受的人，"他开玩笑道，"通常在我知道之前，她总能告诉我，我的感受是什么。"几番讨论后，我开始认同他的观点。他似乎无法识别任何内心感受。

　　我对这对夫妇说，要创建亲密关系，要先"婴儿学步"〔先向电影《天生一对宝》（*What About Bob*）道声歉，借用了电影中"Baby Steps"这一术语，相信读者中会有人认出这一术语出自这部电影〕。丈夫要找出双方都想阅读的一本书，每晚读十五分钟到半小时。之后，他要带头讨论两人的感想。在他遵照了这一连接型仪式后，这对夫妇开始感受到了结婚后缺失多年的亲密感。

　　我的一个朋友，蒂姆，给我讲过与连接型仪式相关的一个动人故事。当蒂姆与现在的妻子刚开始交往时，他会在家定期为她做晚饭。饭后，他俩会一起收拾餐具，他洗餐具，她负责擦干。他俩都很享受这个餐后一起收拾的仪式，并且两人之间最美妙的对话也是发生在这段时间里。约会几次后，他女朋友发现蒂姆家的厨房里是有洗碗机的，她以为洗碗机坏了，所以逗他，说他拖延时间修洗碗机，肯定是有拖延症。他辩解道洗碗机并没有坏。"那为什么我们每次还手洗这些餐具呢？"她惊讶地问道。"第一个晚上，"汤姆说道，"用过的餐具很少，我觉得用洗碗机洗那点餐具很浪费。之后，我意识到我很享受和你一起洗碗的时间，因此就没有告诉你洗碗机的事情，担心你要是不想和我一起洗碗了，我和你就会失去这段特别的相处时间了。"时至今日，他俩还保持着一起动手洗餐具的仪式，这也成了连接这对夫妇的固定仪式。

安定与连接型仪式是你自己或与他人一起重复做的一件事，这件事能把你与自己或他人以正面方式连接在一起。这一仪式可以是每晚散一次步或睡前写日记，可以是每周六一起出门看场电影，也可以是每周抽一个晚上晚饭后一家人一起阅读圣经。

我在前文中提到过的精神科医师史蒂夫·沃林，他曾研究过一些特别的酗酒家庭，在这些酗酒家庭出生的孩子很意外地没有像在其他机能不全的酗酒家庭出生的孩子那样麻烦不断。在他的研究中，来自这类家庭的孩子长大后没有沾染上酒瘾或毒瘾，甚至不具有"酗酒者成年子女"所特有的典型问题。沃林发现，对这些孩子们起到保护作用的关键因素之一，是他们的家庭中保持着完整的安定与连接型仪式，家中即便存在严重问题也没有撼动仪式的地位。这些家庭仪式总体包括庆祝彼此的生日、庆祝各种节日、定期一起去教堂、每晚阅读或讲睡前故事，或一起吃饭。

在我成长的过程中，我们这个有着八个孩子的家庭里有一件雷打不动的事，那就是在每天下午六点的晚饭时间，每个人都必须坐到餐桌边来吃晚饭，你必须得有超凡的理由才能被允许缺席。晚饭时间是我们一大家子人温馨的连接时间。结束了一天忙忙碌碌的钢琴课、体育训练以及学校的各种活动后，我们每天都能共享一段特别的家庭时光。

我们一家都信天主教，因此我们还有固定的每周仪式。

全家人梳洗打扮好后一起去参加每周日十点的弥撒。当教堂开始在周六晚上举行活动作为周日活动的另一选项后，这干扰了我们家的仪式，因为家人中有人不愿周日早起去教堂，从而退出了周日的弥撒，而选择在周六晚上去教堂。虽然如此，在我成长的大部分岁月里，周日的弥撒活动仍然算得上我们家，以及我生活中的另一个仪式。

我们家还有些其他仪式。过生日时（这么一大家子人，似乎每隔几周就会有人过生日），寿星得带上一顶纸皇冠，听大家唱生日歌（生日歌每次都要唱两遍！第一遍唱完时，我父亲会喊"加点热情，再唱一遍！"）。然后由寿星默默地许愿，许完愿后，寿星会一口气吹灭所有蜡烛（除非我弟弟把蜡烛调换成吹灭后还会重燃的整人蜡烛）。

圣诞节和感恩节里的节日传统也成了我家每年必做的仪式。

多年后，沃林的研究指出，这种安定与连接型仪式对孩子产生了积极的影响，即使他们身处逆境或创伤性的环境，这些仪式也会为他们创造一种保护层。

练习：搜索并重拾习惯

回想你曾经经常参与的任何活动，不管是个人参与的还是和家人一起参与的。或许是每周出门看场电影、朗读书籍（为他人大声朗读或自己一个人朗读）、散步、跑步或其他运动、睡前给伴侣揉脚等等。结合你当前的生活近况，哪些仪式是你能在下个月坚持定期完成的？将你的决定写下来或告诉其他人。下个月月末时，自我检查或与他人一起检查，确定仪式是否适合你。如果不适合，做出必要调整，以便让仪式有效，或找到另一个能产生效果的仪式。或许之前你考虑的是每晚都完成一次仪式，而将仪式改成每周三次后更为现实。或许某个活动在之前很有效，但现在已经无法融入你的生活了。

打开问题之锁的第 10 把钥匙：
用安定与连接型仪式，防止问题，创造人际连接

- 安定与连接型仪式是指在固定时间重复做能带来安定感，或能把你与自身或他人连接起来的活动，你可以独自完成这些活动，或与他人一起完成这些活动。
- 安定与连接型仪式能增强人与人之间的亲密度及连接性，有助于抵抗压力和创伤。

第十二章

即便你摔了个嘴啃泥，至少还在朝着正确的方向前行

解决导向式生活方式

> 人生就是这样，跌倒七次，爬起来八次。
>
> ——来自罗兰·巴尔泰斯（Roland Barthes）的
> 《恋人絮语》（*A Lover's Discourse*）

我已在本书中介绍了一种我认为能给你的生活带来深刻转变的思维和生活方式。我在此为"解决导向式生活方式"的原则做出如下总结。

解决导向式生活方式的原则

- 接受自己的感受和经历的确很重要，但过往及你的感受并不能自动决定你现在或将来要采取的行动。它们不会完全定义你的为人，但接受过往和感受是很关键的。

- 比起花大量时间和精力来分析事情失败的原因，或分

析你自己或他人到底出了什么问题，更有用的办法是
细心留意已产生了作用的行为。

- 要寻找有用的方法，首先要搜索过往经历，从中找出
与你现在面临的类似情况，从而针对性地找出在这种
情况中发挥过作用的行为。

- 接下来，审视你在以下哪项或哪些项中有不断重复的
行为：

　　—— 行动

　　—— 你与他人的互动

　　—— 你的关注点

　　—— 你（对自己生活中的故事、自己的问题、他人
　　或自己）的看法或理解

如果你正在采取的行动没有产生作用，那就尝试些不
同的行为。改变你的行为模式，看问题是否也随之产
生了变化。

- 重点关注你希望出现在未来的新气象，而不要总陷在
过去或现在的旧局面中。言语中要对未来可期，说出
具体目标、达到目标后的下一步行动。坚定地面对并
处理阻碍你达到未来目标的各种障碍，不管是实际障
碍还是想象中的障碍。一步步采取行动，朝着未来迈
进，创造出想要的未来。

- 可以利用精神信仰，它能让你冲破日常束缚，突破狭

隘认知与私心，超越问题，解决问题。

- 在感情关系中，要避免设置责备式、贴标签式和分析式的陷阱。他人做过的事情或正在做的事情，你要是不喜欢的话，要具体言明，然后讲清楚你希望他们怎么做；当他人有过让你欣赏的行为，并且你希望他们能在今后继续有此行为、多多这样做时，也不要吝惜表扬。如果问题重复出现，请改变行为模式。在人际关系模式中，一个人通过改变自身的行为也会为彼此的关系带来改变。

- 性爱关系的关键是要意识到认可自己的感受与欲望并不是坏事、错事或怪事。接受自己及他人的性期待和性偏好，要与伴侣清楚明了地沟通你喜欢的性爱方式及能激起你性欲的行为，以及对你不起作用的性行为（再次强调，沟通交流时不要责备，也不要给对方贴标签）。

- 如果尝试了以上方法后，你还是无法从过往中挣脱出来或还是无法解开一些往事的心结，你可以采用了结型仪式，这一仪式能助你朝着解决问题的方向迈开脚步。找出能代表你心结的象征物，对象征物进行处理（烧掉、埋掉、丢掉等等），用以表示已在生活中根除了过往的经历。

- 要从创伤中恢复或防止问题发生，你还可以从安定与连接型仪式中获取助力：定期进行有助于与自身、与他人连接的活动，让自己和他人感受到生活是安定的、可预测的。

学习"父母十诫"，不如提防专家

小说写作有三大法则，可惜没人知道它们是什么!

——萨默塞特·毛姆（Somerset Maugham）

曾有位培训讲师为父母们设计了一堂课，他把这堂课称为"父母十诫"。那些对自己的教导能力不够自信的父母们慕名远道来听他的课，学习如何成为更好的父母。此时，这位培训讲师还未婚未育。某天他遇到了自己梦寐以求的女子，并与她喜结连理。一段时间后，他们有了一个小孩。之后，他把课程名改为了"给父母的五个建议"。又过了一段时间后，他与妻子喜获二孩。之后，他又改了课程名，叫"给父母的三个愚见"。等到他与妻子的第三个孩子出生后，他干脆彻底停掉了这堂课。

无论何时，当我提笔写书时，我都痛苦地意识到，生活是复杂的，即便是生花妙笔写出的最具智慧的书，也无法涵盖全部。因此，我希望读者能体会到本书意图表达的精神，取有益信息，舍无效内容，弃于你而言的不当段落，抛与你的价值观或自我相背之篇章。我想起马克·吐温（Mark

Twain）的一句话："阅读保健类书籍时要小心，你可能死于印刷错误。"相信你自己，多留意什么对你是有效的。如果你在接受咨询治疗或跟着某种课程的导师/领队在学习，但你接收到的信息并没有对你起到作用，那就该舍弃了。运用常识理一理，即便是对待本书中的内容，也应该保持怀疑态度。如果不起作用，就不用；不起作用还坚持用，那是愚顽之人才做的事。因此，把这本书里的概念当作上文提到的"培训讲师的三个愚见"一样看待（只是我还没有停止写作或授课）。只有当这些概念能在你生活中产生作用，才能说明它们是有用的概念，否则它们仅仅是一些好想法而已。

先行动起来，再留意效果

搞清楚哪些行为会把事情弄糟，然后避免之！

——Agency.com 公司（一家位于纽约市的
互动营销机构）的非官方格言

解决导向式方法的精髓可总结为一条极具实用性的原则：若你寻常采取的行动没有产生预期效果，那就采取些不同以往的行动。当你改变了做法后，留意得到的结果。如果行动有效，就持续下去；如果无效，就再尝试其他新行动。

有人将这种方法描述成"预备、开火、瞄准"（调换了通常"预备、瞄准、开火"指令中第二步与第三步的顺序）。做好准备、采取尝试性行动、对行动进行调整直到带来符合预期的结果。

为什么大多数时候人们无法按照这种方式生活？因为他们一遍又一遍地重复做着同样的事情，却期待得到不同的结果。他们的观念和习惯将他们限制在了同一条轨道上，就如同一头北极熊初次被带进还在建的展区时，为了防止它逃脱便将它栓在展区里。展区完工后人们把它放开，但它还是持续在原来的受限区域内活动。

同理，我们人类有时也会一遍又一遍地做着无效的事情，一遍又一遍地用同样的观点看待不同的事物，因此陷入了本不想面对的困境（我或许还该加上本不必面对的困境）。我们没有看到其他可能性。因此，我在本书中给出了一张"写满可能性的菜单"，供你选择用于改变这些让人心力交瘁的循环模式。

有一则关于"美国登月计划"的故事讲到，当约翰·F.肯尼迪（John F. Kennedy）在公众演讲中第一次宣布登月计划这一目标时，许多人都精神大振，并坚定地投身到了实现这个宏大目标的事业中去。但初期的振奋过后，唱反调的人就成批出动了。"这是个不可能实现的目标，"他们宣称，"因为我们现在还没有一种金属合金能够抵抗得住宇宙飞船返回大气层时会产生的高温。"因此，那些投身登月计划的人们便热火朝天地忙碌了起来，经过多番努力，终于造出来这种合金。接着，唱反调的人又说："现在合金是有了，但我们还没有办法将强大的运算能力放入足够小的储存器里，这就导致没法产生大量计算，用于与宇宙飞船沟通飞行中的航向变化。"因此，那些投身登月计划的人们纷纷开始着手此事，很快便生产出来有着强大运算能力的硅片。唱反调的人接连不断地质疑，投身登月计划的人也接连不断地努力。需要指出的是，投身登月计划的人持续不断地采取行动的同时，也在持续不断地改变着对实际状况的思考方式，直到找到解决方案。他们得接受问题，但他们同时也具备灵活性，对各种可能性保持开放的态度。

大多数自助类书籍及心理学理论都像那些唱反调的人一样，不相信改变的可能性。而另一方面，又有些极其乐观的人，乐观到连问题都看不到。

解决导向式疗法要求认识问题和障碍，不断采取行动进行尝试，直到获得期待的结果。要达到此目标，得两手抓：一手抓观察到的结果，一手抓有效行动。要学会解决导向式方法，你必须容许犯错，愿意调整行动以便产生结果，避开"完美主义瘫痪症①"，总是清楚行动有效或无效的原因。是否得到预期结果，背后存在一定缘由，但你不能满足于仅仅

① 完美主义瘫痪症，指的是因害怕无法完美地做成某事而一直未能开始某个项目（作业、论文或创造性的任务）。——译者注

得到一个说得通的解释。如果你的信念、对自己或世界的认知阻挡了你寻求改变的脚步，不要执着于自己的信念或认知，你甚至不能对达成结果的某些特定方式过于执着，要对新的可能性保持开明态度。当陷入两难时，以不同于以往的行动攻克之！

总结打开问题之锁的 10 把钥匙：

打开问题之锁的第 1 把钥匙：打破问题的固有模式

打开问题之锁的第 2 把钥匙：找出并使用问题的"解决模式"

打开问题之锁的第 3 把钥匙：接受你的感受和过往，不要让其决定你现在或将来的行动

打开问题之锁的第 4 把钥匙：转移注意力

打开问题之锁的第 5 把钥匙：想象一个未来，并从中倒推出能用于当下的解决方案

打开问题之锁的第 6 把钥匙：将"问题型故事"转变成"解决型故事"

打开问题之锁的第 7 把钥匙：利用精神信念超越问题或解决问题

打开问题之锁的第 8 把钥匙：采用"行为描述型话术"解决人际关系问题

打开问题之锁的第 9 把钥匙：举行了结型仪式，解决未了之往事

打开问题之锁的第 10 把钥匙：用安定与连接型仪式，防止问题，创造人际连接

关于"解决导向式方法"的资料

可为你带来帮助的书籍、磁带以及其他资料

《神不知鬼不觉地改变男人》[*A Woman's Guide to Changing Her Man（Without His Even Knowing）*]，米歇尔·韦纳-戴维斯（Michele Weiner-Davis）著，Golden Books 出版社，一九九八。有录音带版本。

《改变你的生命以及你生命中的每一个人》（*Change Your Life and Everyone in It*），米歇尔·韦纳-戴维斯（Michele Weiner-Davis）著，Fireside 出版社，一九九六。最初出版的精装版书名为《拜自己为师》（*Fire Your Shrink*），指导读者在不采用心理治疗的情况下利用解决导向式方法自己解决问题。同样有录音带版本。

《心理辅导要以解决问题为目标》（*Counseling Toward Solutions*），琳达·梅特卡夫（Linda Metcalf）著，西蒙与舒斯特（Simon & Schuster）出版社／教育应用研究中心

（Center for Applied Research in Education），一九九五。这本书把解决导向式方法应用到了学校里，主要面向的读者群体是教师、学校辅导员和校长，但也适用于工作中会与孩子接触的任何人。

《离婚闹剧》（*Divorce Busting*），米歇尔·韦纳-戴维斯（Michele Weiner-Davis）著，Fireside 出版社，一九九三。这是米歇尔面向大众的第一本书，集中讲解夫妻双方或夫妻中任一方如何采用解决导向式方法避免婚姻以离婚收场。

《心理治疗的新趋势：解决导向疗法》（*In Search of Solutions: A New Direction in Psychotherapy*），威廉·赫德森·奥汉隆（William Hudson O'Hanlon，也叫比尔·奥汉隆）与米歇尔·韦纳-戴维斯（Michele Weiner-Davis）合著，Norton 出版社，一九八八。米歇尔和我制定出了解决导向式疗法的基本要素，这也是我们针对此疗法所著的第一本书，面向的读者群体为心理治疗师，所以有可能不适合普通读者。但如果你是心理咨询师，或想要深入了解这一疗法的理论知识，这本书可提供一些帮助。米歇尔和我随后又著有多本更适合普通读者阅读的心理学书籍，正如你手上的这本，我们都很高兴能将这一解决问题的有效新方法介绍给大家。

《教养子女要以解决问题为目标》（*Parenting Toward Solutions*），琳达·梅特卡夫（Linda Metcalf）著，Prentice-Hall 出版社，一九九六。这本书指导父母如何与孩子一起采用解决导向式方法解决问题以及预防问题。

《责备止于此，关爱始于斯》(*Stop Blaming, Start Loving*)，精装版书名《爱是动词》(*Love is a Verb*)，比尔·奥汉隆（Bill O'Hanlon）与帕特·赫德森（Pat Hudson）合著，Norton出版社，一九九六。在这本书中，我与合著者将解决导向式方法着重运用在感情关系中。

我还针对群体及企业开办研习班和咨询会。

我的联系方式：

信箱：Possibilities, 233N. Guadalupe #278, Santa Fe, NM 87501

电子邮箱：Bill@BillOHanlon.com

网址：BillOHanlon.com

参考书目

温迪·柯米纳（W. Kaminer）（一九九三），《我功能失调，你也功能失调：复原运动及其他自助潮流》（*I'm dysfunctional, you're dysfunctional: The recovery movement and other self-help fashions*），纽约：古典书局（Vintage Books）

威廉·莱德勒（W. J. Lederer）与敦·杰克逊（Don D. Jackson）（一九九〇），《婚姻的幻象》（*The Mirages of Marriage*），纽约：诺顿出版社（W. W. Norton & Company）

包柏漪（B. B. Lord）（一九九〇），《遗产：中国马赛克》（*Legacies: A Chinese Mosaic*），纽约：Fawcett Books

詹姆斯·劳斯（J. Rouse）（一九八五年十月），"毕业演讲"（Commencement Address），《约翰·霍普金斯杂志》（*Johns Hopkins Magazine*），第十二页。

出版后记

你的人生有过艰难时刻吗？也许它们是看得见的，比如与家人不和、与伴侣争吵、纠缠不休的肥胖、令人尴尬的社交恐惧；有些是隐形的，比如在漫长的夜晚折磨你的失眠、难以自控的成瘾症、隐藏在呼吸间的焦虑、再多微笑也换不来的快乐……相信我，每个人的人生都是接连不断的问题拼凑出的模糊的拼图。

"如果没有接连不断的麻烦，人生可能像旷野一样无聊"，没人会这么说，当你面对一个困境，你就会想要一个解决办法。

人会怎么解决自己的难题呢？一般来说是要找到原因，这是一个逻辑上的想法，原因连接着结果，于是他们找到了原因，依赖原因，迷失在原因中，为问题凿出了一个合理的位置。

其实，很少有人是准备好改变的，敢于解决自己的困扰的人，是非常少的。他需要拿起自己的责任之石，走出熟悉的地方，举起勇气带来的决心，朝着问题症结猛地砸下去，在锁链解开后，开始新的平衡。

你准备好这样做了吗？因为问题的锁链非常脆弱，我们都能用自己的方式不太复杂地解决自己的问题，尤其像这本书的作者比尔发现的那样：只需要改变问题过程中的一个小环节，就能中止问题继续发生，开始瓦解它。而这一处小小的微调，是你一定做得到又愿意去做的——谁会给自己安排完成不了的任务呢？只是，你要做好准备回答这个核心问题：你真的想好要改变吗？

如果你意志坚定、心意已决，那么就像一个将要与太阳决斗的勇士一样，朝向你的困境，直接地、毫不犹豫地走过去，做一件你愿意做的小事，一个 1% 的改变，在当下扯断问题锁链，重获自我力量和个人意志的自由吧！

服务热线：133-6631-2326　188-1142-1266

服务信箱：reader@hinabook.com

后浪出版公司
二〇二〇年十二月

图书在版编目（CIP）数据

微行动：用1%的小动作解决99%的人生难题 /（英）比尔·奥汉隆（Bill O'Hanlon）著；李利莎译 . —广州：广东旅游出版社，2023.12
书名原文：DO ONE THING DIFFERENT:Ten Simple Ways to Change Your Life, 20th Anniversary Edition
ISBN 978-7-5570-2775-9

Ⅰ.①微… Ⅱ.①比… ②李… Ⅲ.①人生哲学—通俗读物 Ⅳ.① B821-49

中国版本图书馆 CIP 数据核字 (2022) 第 087480 号

本书简体中文版权归属银杏树下（北京）图书有限责任公司。
图字：19-2022-108 号

出 版 人：刘志松　　　　　　　　选题策划：后浪出版公司
著　　者：【英】比尔·奥汉隆（Bill O'Hanlon）　　译　　者：李利莎
出版统筹：吴兴元　　　　　　　　责任编辑：方银萍
编辑统筹：王頔　　　　　　　　　特约编辑：王雪
责任校对：李瑞苑　　　　　　　　责任技编：冼志良
装帧设计：墨白空间·李国圣　　　营销推广：ONEBOOK

微行动：用1%的小动作解决99%的人生难题
WEIXINGDONG：YONG 1% DE XIAODONGZUO JIEJUE 99% DE RENSHENG NANTI

广东旅游出版社出版发行
（广州市荔湾区沙面北街 71 号首、二层）
邮　　编：510130
印　　刷：天津雅图印刷有限公司
印厂地址：天津宝坻节能环保工业区宝富道 20 号 Z2 号
开　　本：880 毫米 ×1230 毫米　32 开
字　　数：100.5 千字　　　　　　　　　　印　　张：7.75
版　　次：2023 年 12 月第 1 版　　　　　　定　　价：68.00 元
印　　次：2023 年 12 月第 1 次印刷